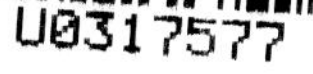

人 民 邮 电 出 版 社

北 京

图书在版编目（CIP）数据

卷发棒简单造型70例 / 日本主妇之友社编著 ; 王娜
译. -- 北京 : 人民邮电出版社, 2017.12
ISBN 978-7-115-46840-6

Ⅰ. ①卷… Ⅱ. ①日… ②王… Ⅲ. ①女性－发型－
设计 Ⅳ. ①TS974.21

中国版本图书馆CIP数据核字(2017)第248392号

内 容 提 要

本书是专门针对卷发棒造型的发型设计教程,书中通过介绍和使用卷发棒，从最简单的卷发基础类型，到头发层次分区,再到整体造型，给出了70余款用卷发棒就能简单完成的长、中、短各种发型的造型图解教程，同时，书中还介绍了相应的刘海造型和卷发编发造型案例，读者可快速学会各种造型，轻松应对不同场合发型需求。

本书适合发型师、职场白领、大学生等阅读。

◆ 编　　著　[日] 主妇之友社
　译　　　　王　娜
　责任编辑　李天骄
　责任印制　周昇亮
◆ 人民邮电出版社出版发行　　北京市丰台区成寿寺路11号
　邮编　100164　　电子邮件　315@ptpress.com.cn
　网址　http://www.ptpress.com.cn
　北京画中画印刷有限公司印刷
◆ 开本：787×1092　1/20
　印张：9　　　　　2017年12月第1版
　字数：258千字　　2017年12月北京第1次印刷
著作权合同登记号　图字：01-2017-1472号

定价：49.00元

读者服务热线：(010)81055296　印装质量热线：(010)81055316
反盗版热线：(010)81055315
广告经营许可证：京东工商广登字20170147号

目录
Contents

为了他
卷卷
头发变可爱吧！

4 位读者模特明星

将“自己流派”进行大公开

让他为你倾倒的

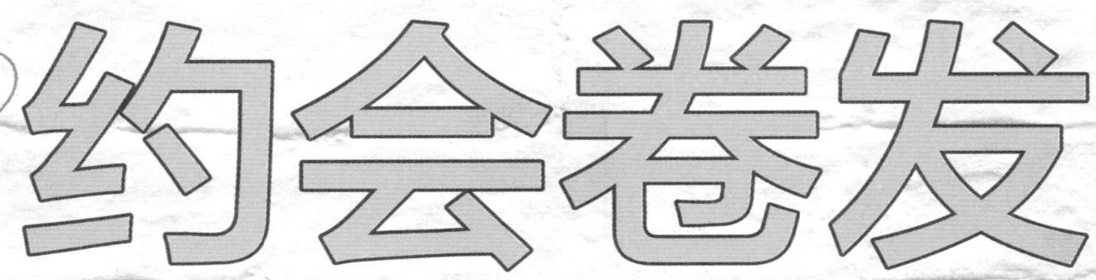

一旦谈恋爱了，就想要让自己变得更可爱！想要换个发型！想要试试卷发！！这就是女人的内心。就连读者模特明星们也是如此♡。采用这 4 位介绍的“约会卷发”，让心目中的恋爱变成现实吧♡。

田中里奈用自然蓬松卷发表现成熟美 

里奈重视自然蓬松效果的卷发，不让人觉得“她烫卷了头发”。服装和发型都保持简约成熟的路线。无论何时，都要保持自我，这是让同性和异性都喜爱自己的秘诀。

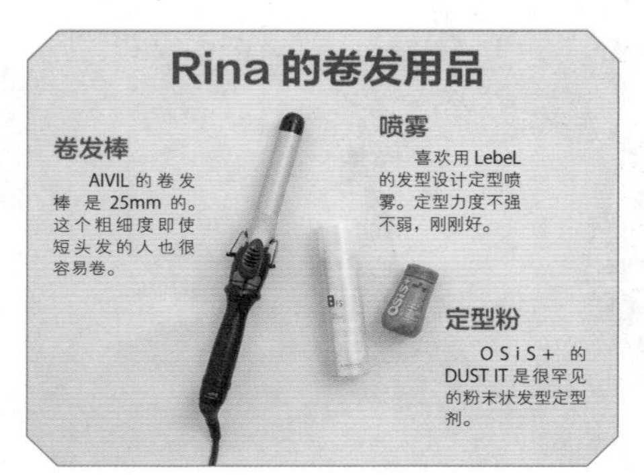

基础造型
Base Style

春天剪的短发留长了，长成了及肩波波头。虽然是直发，但发质却容易扁塌。

1 卷头发从侧面开始。将发束向外侧拧转哦~

2 向外侧拧转后的发束采用内卷法上卷。注意从中间开始卷哦

3 稍微放松卷发棒，连发梢也卷上

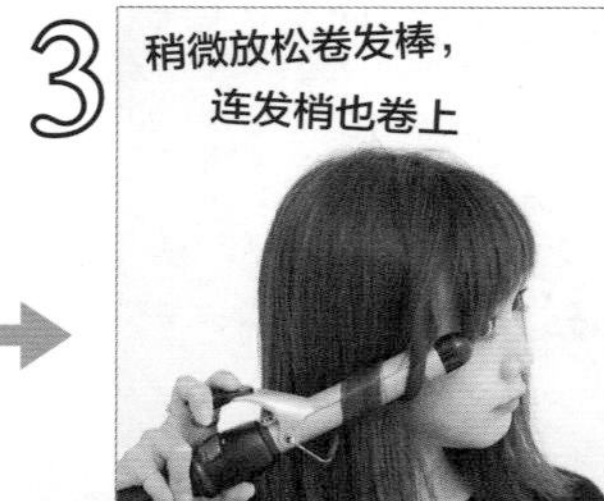

4 旁边的发束则向内侧拧转~

5 发束向内侧拧转之后，采用外卷法缠到卷发棒上。从中间开始卷哦

6 同一束头发的发梢也要充分卷上烫出发卷

7 脑后部表面的头发，也大致分成几束

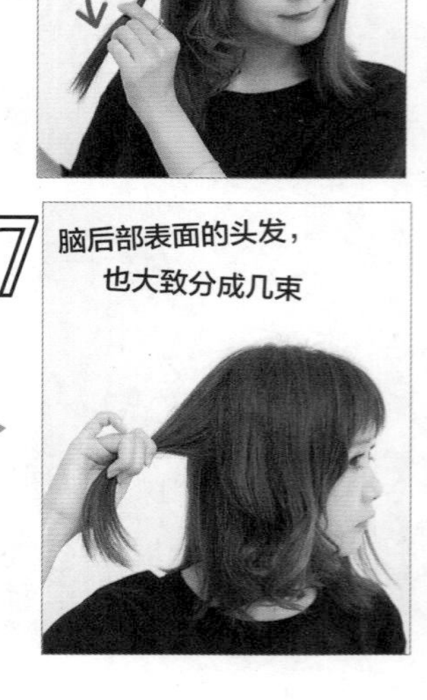

8
向外侧拧转后，采用内卷法。
如此内外交替上卷
9
脑后部内侧（襟位）处的头发，也将
发束拧转后，用卷发棒烫卷
10
如果是头发更短的女孩
此处只用内卷法即可
11
卷发时最好有种一边卷
一边向下拉的感觉
12
纵向拿着卷发棒
感觉在轻轻下拉着放开！
13
在感觉卷度不够的部位
可再增加上卷操作
14
将头顶的头发抓起
大概这么高
15
夹住发根，保持3秒钟。
这样头发就蓬松起来了
16
用卷发棒卷刘海时，
分为左、中央、右三次
17
刘海的正中央
让发梢保持一点弯曲弧度
18
关键是在撤离卷发棒时，
让头发走向朝右侧
19
左右侧的刘海，
斜着拿卷发棒上卷

20 用手取适量粉末状的造型剂

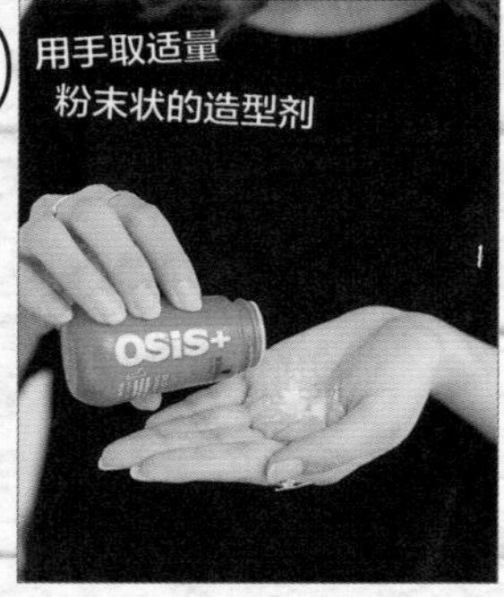

21 仿佛抓起发梢似的涂抹，提升发型的空气感

22 喷上定型力强的喷雾，这是超直发质的必备用品

23 用手充分揉到发丝上，能让发卷保持的时间更长久

有了这样的卷发造型想要进行一场这样的约会

看电影、共进晚餐……这样的约会最为理想。服装以基本款单品为主。头发也不要卷得太过华丽，而是保持平时自己的特点。让他觉得这样的自己就很可爱，那就是最好的效果啦♡。

无需矫情做作，想要保持自己的风格
进行一场愉快的约会
SINGLE
MALT
SCOTCH
WHISKY

武智志穗用自然卷发表现优雅女人味♥

志穗是那种“了解他的喜好，考虑约会发型”的女孩。虽然看上去很自然，但其实经过用心的打理，所以给人知性优雅的女人味。这款发型很适合在觉得直发太单调的日子，用来参考！

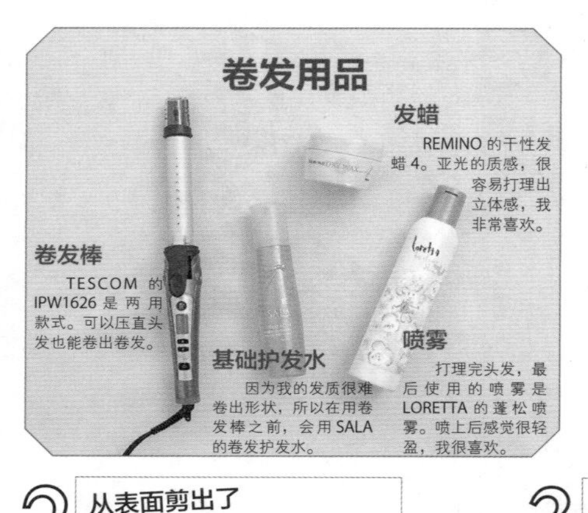

基础造型 Base Style

有层次的中长发，刘海正在蓄长的过程中。关键是要结合发型的层次来卷发。

1 喷完基础护发水后，先吹干一次

2 从表面剪出了层次的头发开始

3 从发根附近开始夹着向下滑动，到发梢向内旋转一圈

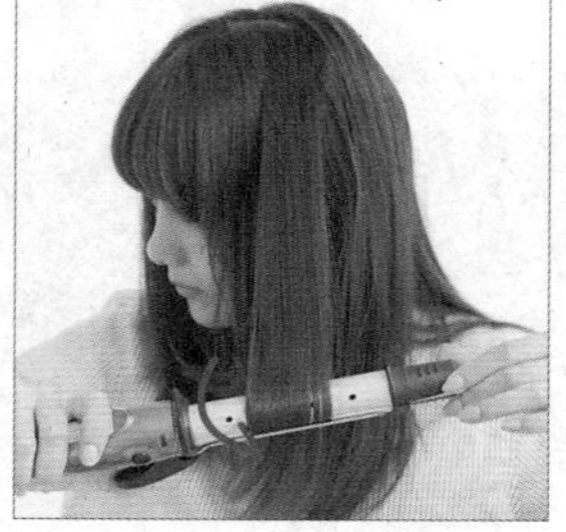

4 发梢的一个发卷 保持这样的感觉就很好！

5 将两侧卷好后，再卷后面。要绕着卷一圈哟~

6 从发根附近开始夹着向下滑动，将发梢向内卷

7 襟位的头发，大概取这么多发束

8
从发梢上方开始
夹上卷发棒
9
襟位的头发要将
发梢向外旋转一圈
10
因为正后方的头发很难卷，
所以拿到前面进行吧！
11
照着镜子，确认是否有卷的
不够的地方
12
将刘海分为3部分，
从正中央开始卷
13
用左手拿着卷发棒，
向左侧撤掉卷发棒
14
卷左侧的刘海
也用左手拿卷发棒
15
卷好发梢后，向左侧撤掉卷
发棒。注意不要烫伤
16
卷右侧刘海时，
右手拿卷发棒
17
将发梢烫成内卷后，
向右侧撤掉卷发棒
18
卷完后
在手掌上放适量发蜡
19
充分揉搓发蜡
直到白色消失

20 将表面轻轻向上抓起
能出现蓬松效果

21 发梢和内侧的头发
也用手梳理着涂抹

22 用手指捏一捏刘海
表现出的发束感会很好哦

23 喷洒上喷雾
提升发卷的持久度

有了这样的卷发造型 想要进行一场这样的约会

想要在老家大阪的USJ去约会。并不夸张炫耀、自然的卷发，我打算让他再次迷上自己（笑）。我觉得想要表现吸引力的话，还能把头发自然地扎起来。

Side& Back

侧面

背面

毕竟女孩子。到他的赞美
果然心情变得很好呢♪

村田伦子用大波浪卷发释放治愈系气质

伦子小姐说“我正在向美容师请教很多，努力学习卷发”。最近迷上了波浪卷发，她推荐大家选择弧度悠缓的大卷。可以演绎出休闲放松的感觉，适合和男朋友一起放松的日子！

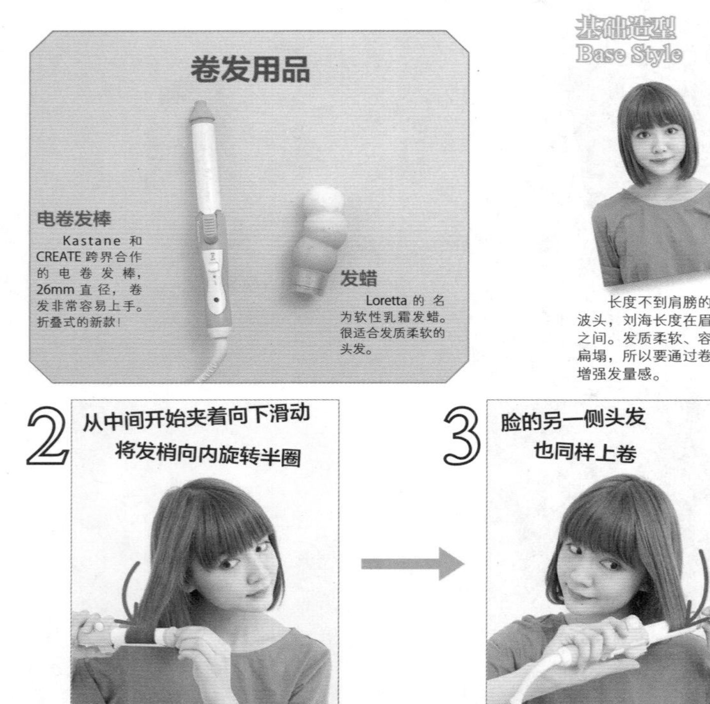

卷发用品

电卷发棒

Kastane 和 CREATE 跨界合作的电卷发棒，26mm 直径，卷发非常容易上手。折叠式的新款！

发蜡

Loretta 的名为软性乳霜发蜡。很适合发质柔软的头发。

基础造型 Base Style

长度不到肩膀的波波头，刘海长度在眉眼之间。发质柔软、容易扁塌，所以要通过卷发增强发量感。

1 从脸周围开始。每束发束的量大概这么多

2 从中间开始夹着向下滑动 将发梢向内旋转半圈

3 脸的另一侧头发 也同样上卷

4 后面也一样。横着拿卷发棒，卷半圈

5 正后方也卷半圈的话 很容易卷哦

6 后头部表面的头发 向上提起的话就很好卷了

7 从这里开始加入波浪 在内卷部分的上方，向外侧压头发

8
再在上方，向内压头发。
就形成波浪形了
9
另一侧也一样，
一束取少量头发
10
向内卷之后，
在上方烫出外卷效果
11
下一段再向内卷。
在脸周围就形成波浪了
12
后面的头发很难卷出波浪
所以先把发束向一个方向拧转
13
纵向拿卷发棒
夹住发束中间部分向内卷
14
然后再平行着卷一次
强调发梢的内扣效果
15
刘海也卷一下
更立体一些，显得很可爱哦！
16
取刘海的右侧部分
将发梢向内卷
17
然后是正中央。
比起只卷一次，更不容易失败哦！
18
避免弧度太圆
快速通过即可
19
然后是左侧。分开卷的话，
头发走向更整齐自然

20 横着拿卷发棒
用一只手扶着向内卷

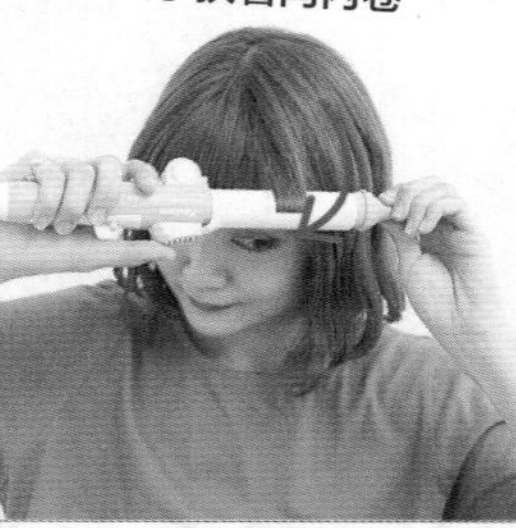

21 为了表现出立体感
只取刘海中间的表面头发

22 一边向上提着一边卷。
这样能让刘海更蓬松

23 揉搓涂上发蜡
稍微打散发卷

有了这样的卷发造型
想要进行一场这样的约会

线条悠缓的大波浪卷发，适合去公园约会。去 BBQ 也很好，我很喜欢户外。在卷头发的时候就在想着当天的约会计划，心里非常兴奋♪。

用休闲的大波浪卷发
悠闲地度过2人时光

渡部麻衣用微凌乱的卷发表现不犀利的性感发型

麻衣给大家介绍了自己卷头发时习惯使用的方法。好像是刚睡醒的小散乱卷发，但不能真的是刚睡醒的发型。用精心算计的卷发方法，为头发增加一丝性感。稍加练习就能掌握这种“自然感”的效果！

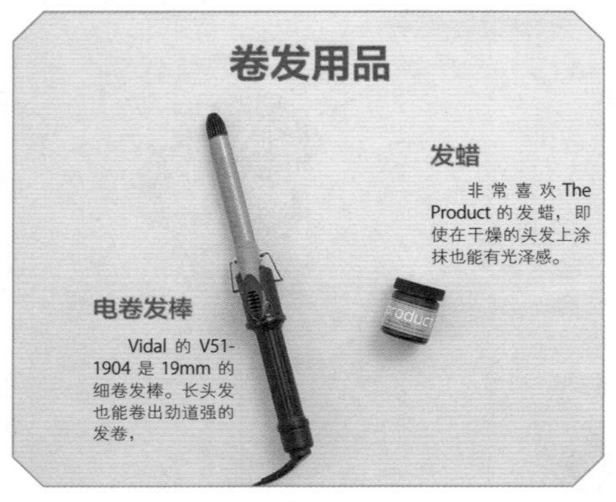

卷发用品

发蜡

非常喜欢 The Product 的发蜡，即使在干燥的头发上涂抹也能有光泽感。

电卷发棒

Vidal 的 V51-1904 是 19mm 的细卷发棒。长头发也能卷出劲道强的发卷，

基础造型 Base Style

长度到肩膀下方 15cm 的长发，从下巴以下剪出了层次。刘海是长度超过眼睛的斜刘海。

1 将头发平均分成左右2份。用手大致分好即可

2 将2等分之后的头发，分别分成3束

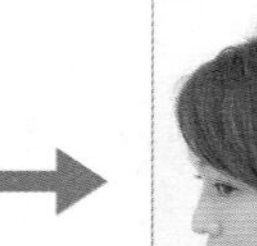

3 将3等分之后的头发最后面的一束拧转紧了

4 只卷发梢哦！向内或向外卷都没关系

5 然后将横向紧邻的一束头发分隔出来~

6 先将发束拧转然后再烫卷就能形成微凌乱的波浪了

7 因为已经将发束拧转过了所以不用在意卷头发的方向

8
拿起左侧最后一束
脸周围的发束
9
和之前一样
将发束拧转地略紧
10
烫卷发梢。右侧的3束头发
按照相同方法烫卷
11
这次是烫卷表面的头发哦！
将头发三等分后分别拧转
12
这次用卷发棒
夹住中间部分
13
一直卷到发根处
烫出明显的波浪感~
14
脸周围的发束也一样
先拧转再从中间开始卷
15
另一侧也是按照从后面
到脸周围的顺序卷
16
将拧转后的发束
从中间卷到发根
17
头顶部分分成左右两份
分别卷，保证蓬松感
18
将发束拧转
用卷发棒夹在中间
19
一直卷到发根哦。
这样能增强发量感

20 取少量发蜡。
与照片中分量相近最好

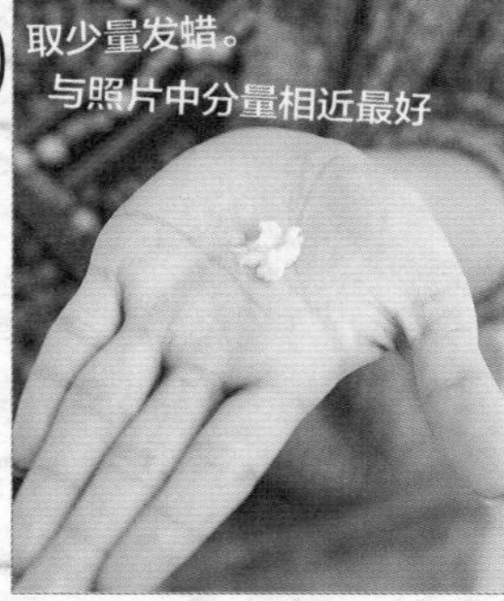

21 充分揉搓，
均匀涂在手掌和手指上！

22 从中间向发梢部分
随意抓揉

23 表现出发束感
为发梢增加动感效果

有了这样的卷发造型 想要进行一场这样的约会

试过很多种卷发方式，这种是最快速打造出自然不刻意感觉的方法，我很喜欢。打理出这样的发型，就想去沼津的深海鱼水族馆！我是深海鱼的粉丝，所以比起男朋友，我更喜欢鱼吧！？（笑）

侧面

背面

Side& Back

纯真不设防的发型，表现出
可以恣意撒娇的氛围♡

太时尚了

沙龙和店员的 卷发

bloc 造型师 丸林彩花小姐(25岁)

丸林小姐的基础发型是深色波波头，通过改变质感或用简单的发饰小物，就能打造出更高一级的卷发造型。还考虑到与衣服的搭配，看上去并不刻意却很时尚！

在沙龙里工作的日子，会在造型中加入一些流行感。头发打理出蓬松、又带有发束感的卷发。衣服用麂皮上衣表现出波西米亚风情。金属色高跟鞋是重要的混搭技巧。

重点1

故意让中分发型贴着头皮，大量使用金色发卡，不规则地卡在头发上。

重点2

用26mm的卷发棒将发梢卷成混合卷。用头发造型剂Denphalae gelee调整发丝质感。

服装 SNAP

沙龙工作人员和服装店店员都很时尚，这是大家都公认的，她们的服装与发型搭配得很好。发型显得时尚，诀窍就是基础发型其实是卷发。我们一起来学一下吧。

@美术馆

想表现知性气质的日子 采用淑女印象的盘发和造型

观赏艺术作品的日子，想要让头发和服装都表现出知性品位。只要多用发卡，即使波波头也能变成经典的盘发。百褶裙和凉鞋的搭配效果也很好。

重点 1

采用混合卷法，将整体头发烫卷之后，再将头发盘起来。脸周围留下碎发形成 S 形，能提升女人味。

重点 2

用最大的发卡，大致将头发固定住，作为基座，之后就容易让头发聚拢到一起了。

束腰设计×面料干爽的质感
给人摇滚的印象

去购物时，用披肩发型，将试穿衣服的环节也考虑在内了。丸林小姐的做法是，用头发造型剂调整发丝质感，增加个性。皮夹克披在肩上，能烘托女人味。

重点 1

先用32mm的卷发棒将头发烫成混合卷。丸林小姐的做法是，避开发梢，以发根为主进行卷发。

重点 2

用 Denphalae gelee 和摩洛哥护发油将发根处调整出湿润感，发梢保持干爽质感。

Grow 造型师 药袋光小姐（26岁）

药袋小姐喜欢用快速时尚品牌的产品，打造适合自己的时尚造型。因为是直头发，容易扁塌，所以几乎每天都要卷头发。也经常学习打理发型的方法，不断更新。

在图书馆看外文书或外国杂志，来学习发型和服装搭配方法。刘海上采用发卡装饰，并且戴上眼镜，就完成了休息日的休闲造型。配色保持明快清爽的风格。

重点 1

按锯齿状处理头发分缝处，在刘海上卡4根金色发卡。蓬松和服帖的结合，非常可爱。

重点 2

用26mm的卷发棒，用不同强弱的力度，打造混合卷发。最后加强发卷效果，调整整体平衡。

@购物

松散垂下的两个发辫 给人嬉皮风格的快乐印象

通过发型，不经意间融入流行的嬉皮风格。即使服装都是经典单品，也能营造出好气质。只不过，两个发辫不要编成麻花辫，保持松散随意的感觉。

重点 1

即使发箍扎在了发束的中间位置，依然显得很可爱，这是因为事先将整体头发烫成了混合发卷。

重点 2

卡上发卡之后，用麻绳辫＋麻花辫结合，突出发量感，整体平衡效果好。

@工作

做繁忙的沙龙工作
用简洁的盘发表现灵活干练

工作时，客人也会看到我的背影，所以我的原则是采用精致的盘发发型。为了让盘发也能显得可爱，特意将脸周围的头发修剪得短一些。

重点 1

脸周围的碎发是故意剪短的，在将头发盘起来之后，用电卷发棒将碎发卷出弧度。

重点 2

将后颈部的头发拧转之后做出丸子状。将侧面的头发编麻绳辫，缠绕在后颈部的丸子上。

Kastane 原宿店 店员 加藤真梨小姐(24 岁)

Kastane 原宿店的店员们非常擅长卷发 × 打理发型，所以备受好评。其中，加藤小姐的发型非常可爱，而且都是操作简单，很容易模仿的。与流行服装的搭配效果也很好。

@购物

以卡其色夹克为主的搭配 脸周围的头发用发卡固定，显得开朗

为了不让大地色系的夹克显得沉重，内搭单品和包都选择了白色。头发披下来，烫出悠缓蓬松的发卷之后，将刘海用发卡固定，在面部表现出开朗印象。

重点 1

刘海按照 9 : 1 分开，拧转到侧面，用发卡固定。发卡交叉固定，表现出时尚感。

重点 2

用 26mm 的卷发棒，卷成混合发卷。表面充分烫卷，而内侧只要在发梢处做出一个发卷的程度即可。

将耳朵上方的头发，从两侧开始拧转，用装饰发圈扎起来。局部用发圈装饰，使得背影也很完美♪

重点 1

脸两侧的头发保持下垂，而从两边太阳穴处开始将头发向后拧转，在头后面扎成 1 束。

重点 2

Kastane 的发圈是流苏式设计，将扎起来的位置重点修饰一下，与自然蓬松的发卷搭配效果很好。

@工作

在店里时用编发+丸子头 结合重视流行感的服装

站在店里的时候，需要重视流行感。发型采用看上去比较讲究的编发＋丸子头。选择盘发的话，整体比较清爽。而且客人也会喜欢聊头发的话题!

重点1

将头发盘起来后，一定要用卷发棒将脸两侧留下的碎发烫卷。让侧脸也显得很可爱。

重点2

后面的头发编起来，扎成一束。适当露出发梢的同时，再用发卡固定成丸子头的形状。

BEAMS 公关 藤井早希子小姐（25岁）

藤井小姐在 BEAMS 的公关室工作，从学生时代就非常擅长造型。将长度到胸部的长发卷成波浪卷，快速就能打理好发型。结合不同场合而选择的发饰小物，也非常精彩。

@工作

粗略扎起的宽松丸子头与牛仔裤造型很配哦

上班时忙于租借服装的日子，头发和服装都尽量休闲一些。使用 Cinq Workshop 的新品梳子，瞬间就能完成松散的丸子头。

重点 1

在略高的位置，将发束拧转，做出丸子头。只要用发卡固定即可。工作中很适合用利落的盘发。

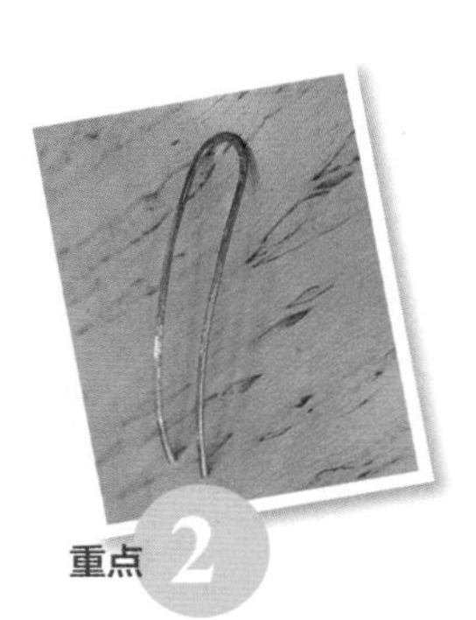

重点 2

Cinq Workshop 的发梳式发卡，让我一见钟情。可以像簪子一样使用。时尚感很强。

@约会

可爱感和女人味兼备 以一袭长波浪卷发走到他身边

玫瑰金色的头发与灰粉色的下装搭配很好。其他单品都统一成无彩色，整体显得优雅。为了更加突出波浪卷发，将头顶用发卡简单固定一下。

重点 1

将头顶的头发分为三部分，分别拧转之后用发卡固定。珊瑚形状的发卡非常抢眼。

重点 2

用 38mm 的卷发棒将头发从发根由内而外卷成波浪卷。只要 15 分钟左右就能完成。

时尚界人士汇集的活动场合，以一身70年代风格的造型，表现流行意识。鱼骨辫的发型，也很适合如此祥和的气氛。将鱼骨辫弄松散一些，是这个发型的关键。

重点 1

编完蝎子辫之后，用鱼骨辫的形式编剩下的发束部分。手法不要太紧，让发辫保持蓬松的体积感。

重点 2

轻轻揪起头顶的发束，做出隆起效果。鱼骨辫保持适度松散感，让发辫显得比较宽。

选择卷发棒和造型产品时需要结合想要的发型和自己的发型、发质。在这里汇集了打理卷发时必须用的产品。赶快开始准备吧！

最新！打造卷发时，

卷发棒

从负离子卷发棒到新款式，这些新产品增强了卷发的方便性。快找到最适合你的卷发棒吧！

首先准备一支基本的电卷发棒

因为加热筒的粗细度不同，完成的效果不同，所以需要确认好再购买。想要比较松散的卷发的话，就选大卷，头发比较短的话建议选择略细的款式。

Panasonic 卷发棒 EH-HT55 只要旋转刻度盘就能让加热筒的粗度在 32mm 和 26mm 之间转换。可以打造出混合发卷的发型。

普通的粗度是这样的！

32mm

深受发型化妆师或美容师喜欢的经典尺寸。适用于中长发到长发，很容易打造出自然的卷发。

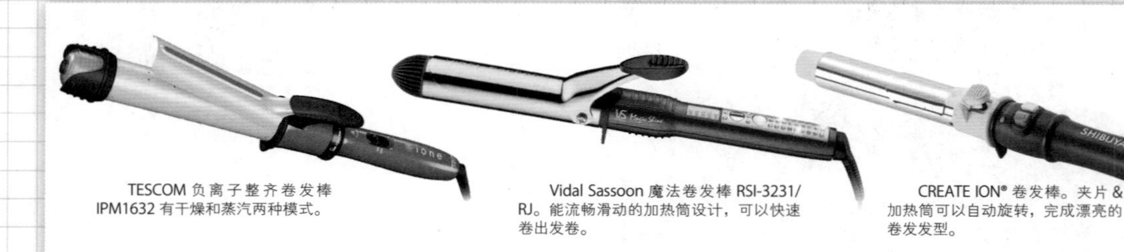

TESCOM 负离子整齐卷发棒 IPM1632 有干燥和蒸汽两种模式。

Vidal Sassoon 魔法卷发棒 RSI-3231/RJ。能流畅滑动的加热筒设计，可以快速卷出发卷。

CREATE ION® 卷发棒。夹片 & 加热筒可以自动旋转，完成漂亮的卷发发型。

鲜明小卷

19mm

极细的尺寸适合波波头～短发。能卷出鲜明的小卷，还有人喜欢它是因为烫出发卷的速度快。

强力中卷

25mm

有的品牌的 26mm 卷发棒也稍有不同。略细的尺寸可以卷波波头等不太长的头发，或者喜欢强力中等发卷的人。

悠缓大卷

38mm

较粗的尺寸能打造出流行的悠缓大卷。适合不想发卷太明显的时候使用。

TESCOM 负离子整齐卷发棒 IPM1619。因为是蒸汽款式，所以能卷出有光泽的鲜明小卷。

Vidal Sassoon 魔法卷发棒 VSI-2531/RJ。最适合打造略细的发卷和卷刘海。

Vidal Sassoon 魔法卷发棒 VSI-3831/RJ。简单就能做出现在流行的悠缓大卷。

推荐使用的单品

卷头发的准备
你做好了吗

让打造发型的可能性更多

直发板

波浪卷发、外翘、内扣卷、刘海发卷，如果再有直发板的话，就能打造更多发型了。拥有一款会非常方便。

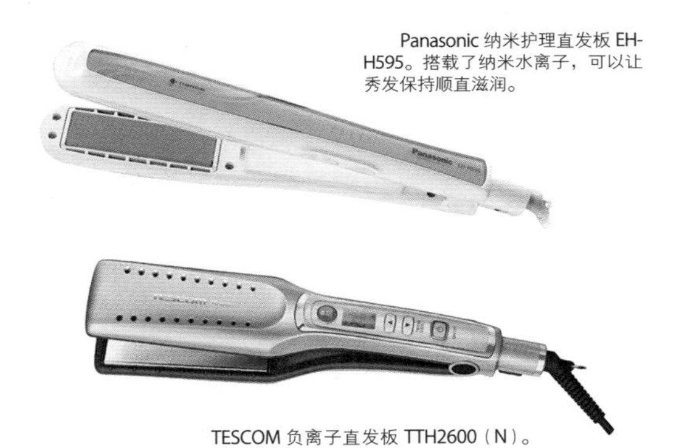

Panasonic 纳米护理直发板 EH-H595。搭载了纳米水离子，可以让秀发保持顺直滋润。

TESCOM 负离子直发板 TTH2600（N）。具有 WET&DRY 功能，用毛巾擦完头发后，湿着头发就能使用。

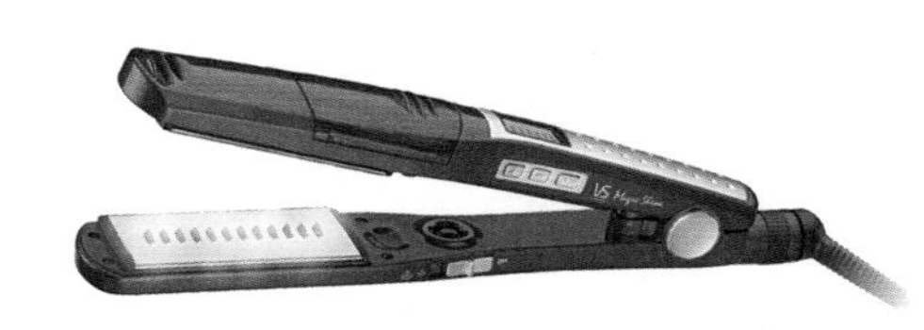

Vidal Sassoon 魔力蒸汽直发板 VSS-9200/4J。可以通过大量蒸汽和高温设置，让秀发直顺有光泽。

一款两用更开心！

2WAY 卷发棒

可以卷发 & 直发两用的优秀产品。还能将自来卷拉直后，再卷出漂亮的发卷。

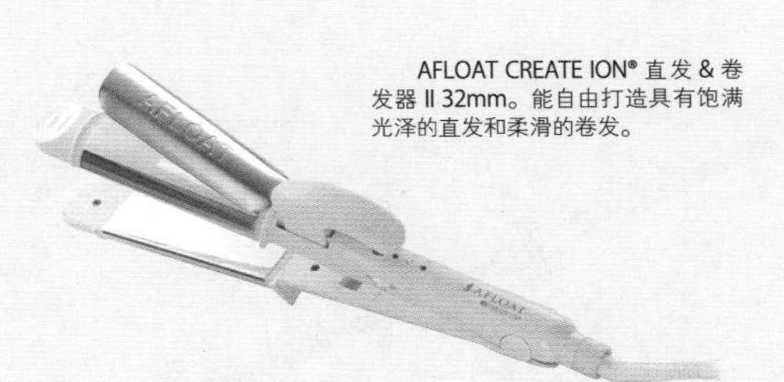

AFLOAT CREATE ION® 直发 & 卷发器 II 32mm。能自由打造具有饱满光泽的直发和柔滑的卷发。

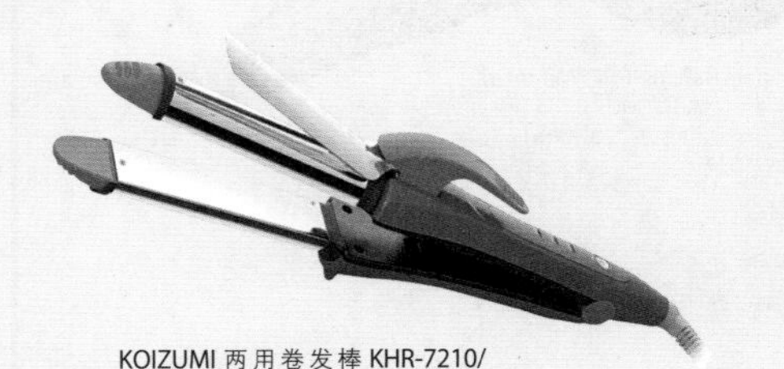

KOIZUMI 两用卷发棒 KHR-7210/VP。加热筒直径 32mm。可以结合想要的发型和场合，区别使用不同功能。

不用担心会烫伤

发梳式卷发棒的人气不断增加。发热的卷发筒部分用梳子式的外壳覆盖，不用担心会烫伤。可以一边用手扶着一边卷！

Panasonic 发梳式卷发棒 32mm EH-HT40。搭载了可以夹住发梢的夹子，头发有层次的部分和细短头发都能卷。

CREATE ION 滚梳式卷发棒 36mm。即使刚学卷发或者短头发的人都能顺利上卷，这是高人气爆款。

卷发初学者的救世主！

现如今卷发棒的进化速度也是惊人的！这两个产品在专业人士之间也是热门话题。有了它们就再也没有高温损伤和失败的烦恼了。

带有蒸汽功能的新品登场了！

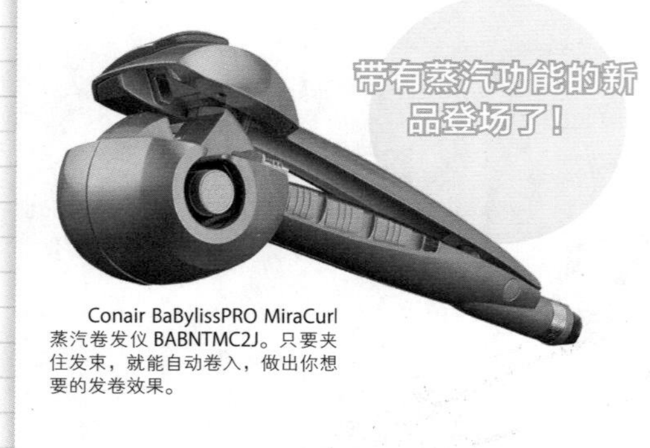

Conair BaBylissPRO MiraCurl 蒸汽卷发仪 BABNTMC2J。只要夹住发束，就能自动卷入，做出你想要的发卷效果。

不损伤头发
让头发充满光泽

Lumielina 护发卷发棒 ®L-type。运用 Bioprogramming 技术，让头发越卷烫越有光泽的划时代卷发棒。

打造蓬松的刘海 & 头顶
自粘魔术卷发筒

在用卷发棒之前，先将刘海或头顶的头发卷一下。关键是要结合卷发的部位，区分使用不同尺寸的卷发筒。

Ducurl 自粘魔术卷发筒（短）。这是导热性强的卷发筒。

Ducurl 自粘魔术卷发筒（短）。能为头顶头发打造出蓬松效果。

Ducurl 自粘魔术卷发筒（短）。适合增加发量感时使用。

分区时使用的产品

给头发分区时，在头顶或刘海用卷发筒卷一下，是专业级的做法。也准备一些鸭嘴夹吧。

快速固定，不留压痕
鸭嘴夹

结合要固定的发量，选择合适尺寸。

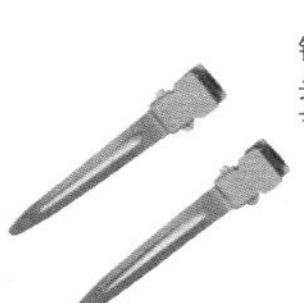

小号的单片钢夹，用来固定头顶或侧面的细节部分。

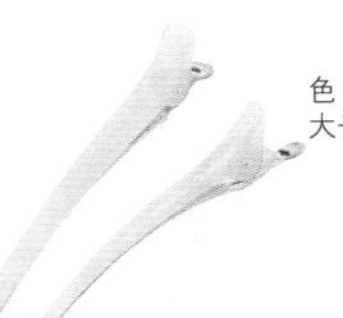

无印良品白色发夹・小号、大号。

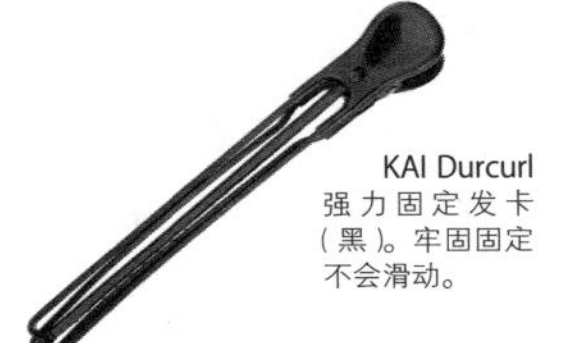

KAI Durcurl 强力固定发卡（黑）。牢固固定不会滑动。

想要自然柔顺的卷发就选它！
卷发吹风机

吹着风的同时就能给发梢烫出自然发卷，是经典的高人气产品。通过改变梳子刷头，还能调节发卷的大小。

只要换个刷头就能轻松卷头发

TESCOM Beauty Curl 卷发吹风机 TCC4000[PB]。可通过更换刷头 & 调节温度，改变发梢表情。

简单就能完成卷发
预热卷发筒

只要卷上放置不管就可以，在化妆时就能同时完成卷发。可以结合部位改变所用的卷发筒的粗度。

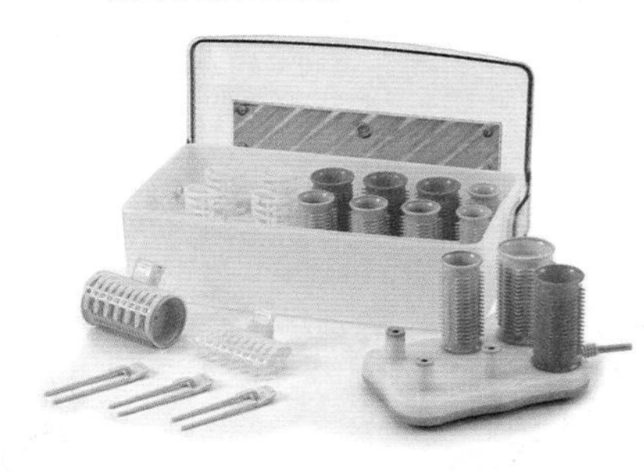

KOIZUMI VOLUMY CURL 卷发筒 HKC-V120/P。3L~M 号共有 12 支，可以应对多种发型。

造型产品

表现出动感，保持卷发弹性时，一定不能少了造型产品。结合发质和用途，选择合适的产品才是成功的关键。

保持漂亮的完成效果！

发蜡

打造动感、空气感、发束感时必备的产品

保持轻快柔软的质感，又为卷发带来动感效果，发卷更持久。结合发质选择吧。

← Unilever Mods Hair 光泽发蜡·卷发 65g。打造蓬松卷发。

→ Kose Cosme Port 沙龙造型发蜡（卷发）72g。含有有机香草成分。

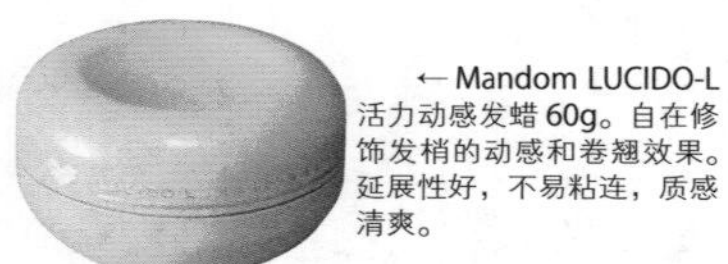

← Mandom LUCIDO-L 活力动感发蜡 60g。自在修饰发梢的动感和卷翘效果。延展性好，不易粘连，质感清爽。

卷发之前使用！

基础护理水

卷发前使用，能大大提高发卷的弹性

头发太细软或太硬的时候不容易上卷，最好在卷之前先用。还有保护发丝不受高温损伤的效果。

花王 Liese 卷发造型护发水 110ml 市场公开价格 / 花王。含有加热造型成分，在加热卷发的时候容易成形。

Unilever Mods 秀发热造型水 & 泡沫两用造型剂（自然感发卷专用）。

Mandom LUCIDO-L 设计保湿 & 飘逸卷发护发水。让发卷长时间保持。

打散发卷时使用的产品

卷完发卷后，用梳子梳理能增加蓬松发量感，也能在发梢表现出俏皮效果。跟专家学习技巧吧。

增加蓬松韵味

气垫梳子

正如其名，这是弹性很强的气垫梳子。轻轻梳理表面，能提升发型的空气感。

为卷发增加动感

滚梳

滚筒状的梳子。用它梳理发束，能调整发卷的强度，为发梢增加动感效果。

想要让卷发**强力定型**的话

→ Unilever LUX 超级硬性精华液 & 定型喷雾 140g。持久保持发卷。

← SUNSTAR VO5 超级定型喷雾 < 强力定型 > 无香料。即使下雨或刮风的日子，发卷也不容易散。

想要**蓬松空气感**的话

花王 Liese 蓬松丰盈发量喷雾 125g。轻盈喷雾演绎出空气感的丰盈秀发效果。

想要表现**湿润质感**的话

→ PIACELABO Carre D'or 空气感修饰粉 145g。让发丝上均匀覆盖了粉末成分，完成轻盈半湿的质感。

← Schwarzkopf professional OSiS+ 蓬松粉 10g 。粉末状，能自在表现湿润质感和自然印象。

想要**增强秀发光泽**的话

Unilever LUX 造型精华 秀发香氛 80g。为头发增加淡淡的香味，同时具有护发效果，让头发散发自然光泽。

最后的喷雾可根据喜好选择

卷好头发后使用的喷雾有很多类型。根据你想要的效果和发质来选择吧。

基础护发水的使用方法

在想要卷发的位置，全部喷上，关键一步是要用梳子梳理均匀。再用吹风机吹到完全干燥后，进行卷发。

喷雾的使用方法

光泽喷雾
半湿喷雾
空气感喷雾
的情况……

不能仅喷在表面，内侧也要喷到。一点点提起头发，均匀的喷洒。质感均匀统一，完成效果才漂亮。

定型喷雾
的情况……

距离头发 20cm 左右，从远处喷洒，让喷雾均匀的落在头发表面。不要喷在内侧，会让发型显得生硬。

发蜡的使用方法

一次的用量大概 1 枚硬币大小为宜。重点是在手心揉搓直到白色消失，然后涂抹在头发上。如果再添加分量的时候，需要分多次进行。

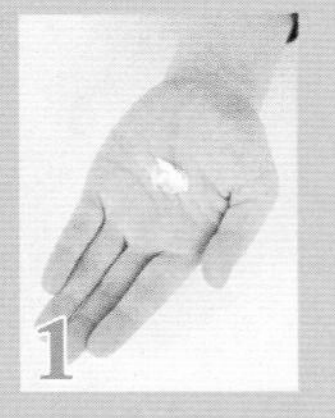

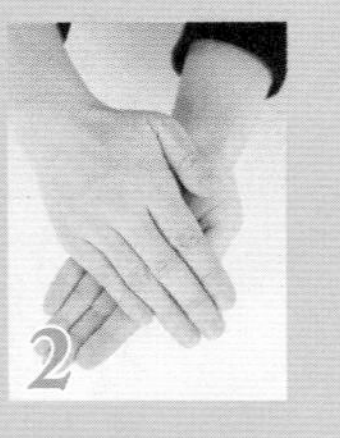

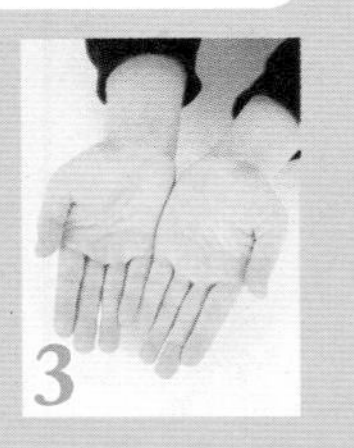

最新卷发棒

“使用什么卷发棒才好呢？”，为了因此而烦恼的人，我们将各种类型的卷发效果进行了对比。参考发卷的状态和自己想要的发型，选择卷发棒吧。

监制：apish jeno/ 小矶由香小姐

干燥卷发

卷发的弧度因粗细度不同而不同

使用干燥模式的卷发棒是最普遍的。加热筒越粗，卷出的头发越松散。（使用机型：从上至下依次为 VSI-3831/RJ、VSI-3231/RJ、VSI-2531/RJ KOIZUMI）

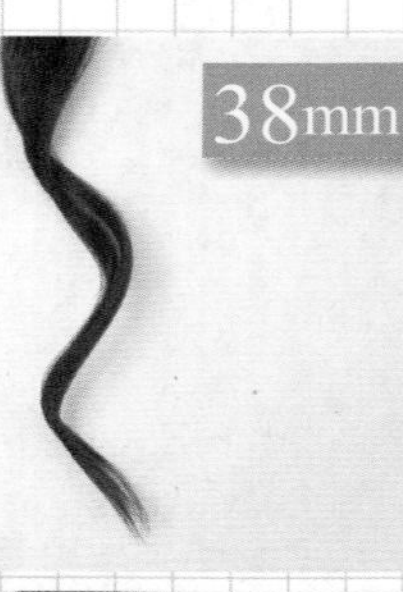
38mm

32mm

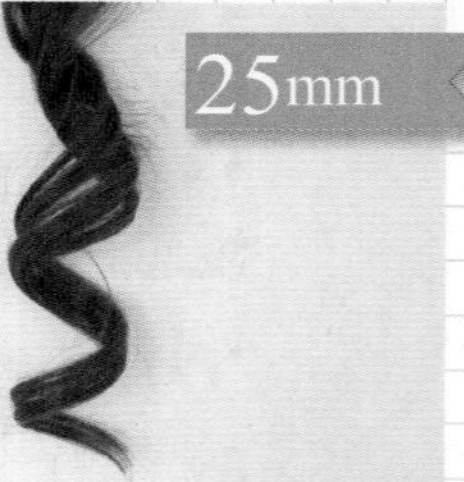
25mm

蒸汽卷发

打造出弹力强、有光泽的卷发效果

使用蒸汽式和干燥式两用的 32mm 卷发棒。对于发梢毛躁的人，建议使用蒸汽模式。完成的发卷带有光泽。（使用机型：IPM1632（P）/TESCOM）

卷发效果对比

实际体验
8 款新产品

两用式（增加直发）

用一支就能实现卷发和直发的切换，非常实惠

两用款式，推荐自来卷强的人。为了拉直自来卷，从发根开始夹，一直滑动到发梢，将头发烫直。（使用机型：KHR7210/VP/KOIZUMI）

两用式（增加卷发）

换一下挡板，就变身为32mm的卷发棒了

卷发棒的粗度是32mm。用直发板将发根拉直后，从发梢开始旋转一圈半，就能打造出清晰的发卷。（使用机型：KHR7210/VP/KOIZUMI）

蒸汽卷发神器

发束自动卷入 发卷一瞬间就诞生啦

只要让主体夹住一束头发，就能自动卷入形成发卷。还能根据卷发的粗细度调整温度和时间。（使用机型：BABNTMC2J/CONAIR JAPAN）

预热卷发筒

可自由打造柔和的发梢卷和蓬松的刘海

使用 LL、L、M 三种型号的预热卷发筒。卷发筒越细，卷出的发卷支撑力越强。最适合打造蓬松刘海与柔和的发梢卷时使用。（使用机型：KHC-V120/P / KOIZUMI）

吹风卷发器

向内卷头发的话，会形成柔缓优美的发卷

用暖风将头发梳理通顺，让发梢向内缠绕一周半。切换成冷风稍等一会儿，柔缓优美的发卷就诞生了。即使不善于用卷发棒的人也能轻松使用。（使用机型：TCC4000（PB）/TESCOM）

发梳式

卷出自然内卷效果最适合打造发型基础

将吹风卷发器的刷头更换为发梳式刷头。吹头发的时候使用，能让发梢自然内扣，所以在烫卷头发之前，也可用来打理基础发型。（使用机型：TCC4000（PB）/TESCOM）

只要知道这些
就能避免失败

卷发前的10个基础知识

做任何事，基础都非常重要！头脑中先知道必备要点，是成为卷发高手的捷径♡。

基础1 了解卷发棒的结构

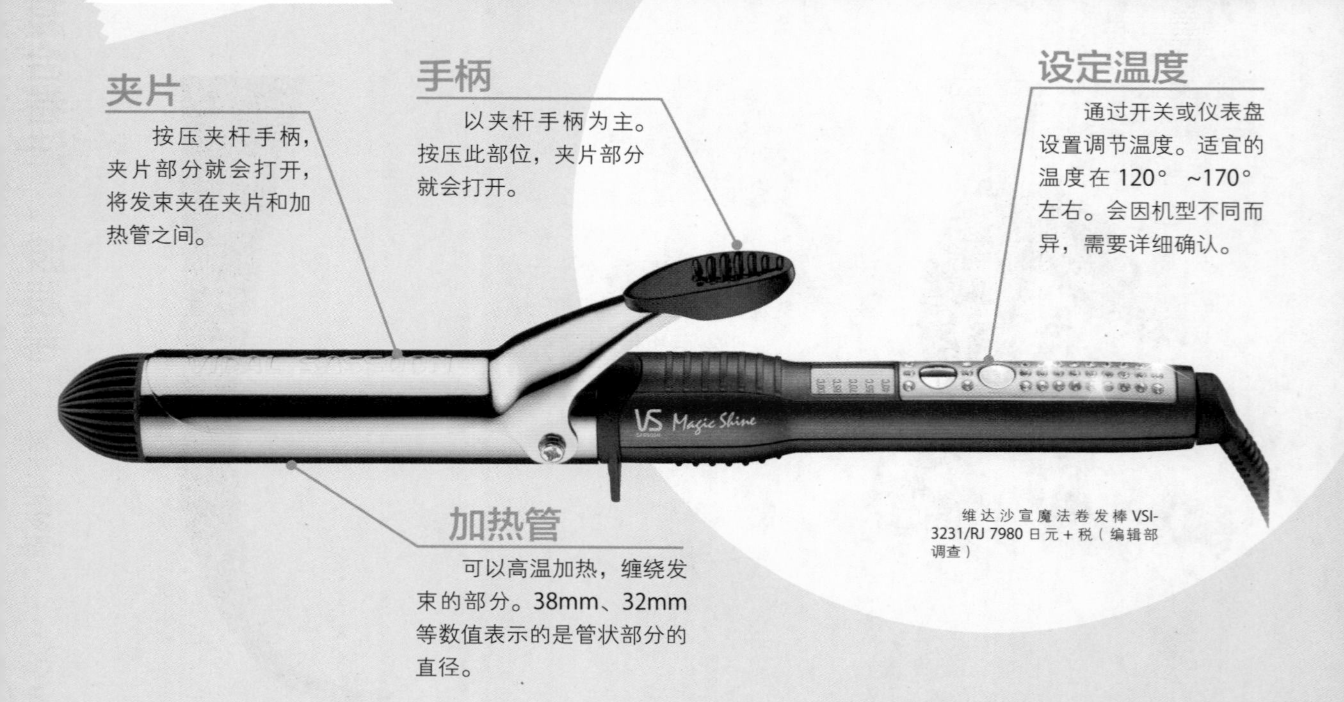

维达沙宣魔法卷发棒VSI-3231/RJ 7980日元+税（编辑部调查）

基础2 克服卷发失败的常见问题

常见问题1 左右不同方向的卷发却朝向了同一方向

不同方向卷发，改变一下握卷发棒的手

卷左侧头发时，用右手

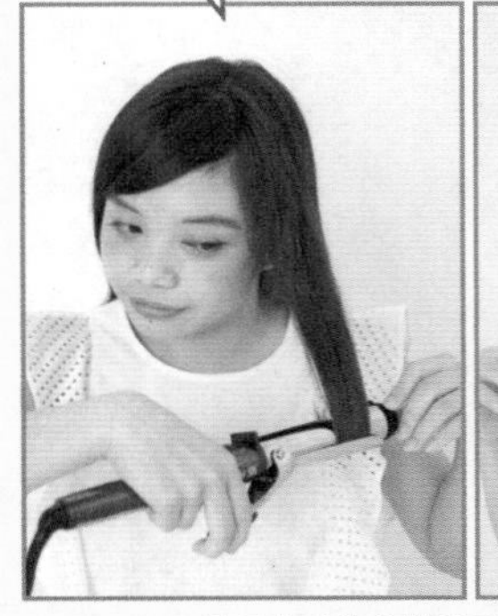

卷右侧头发时，用左手

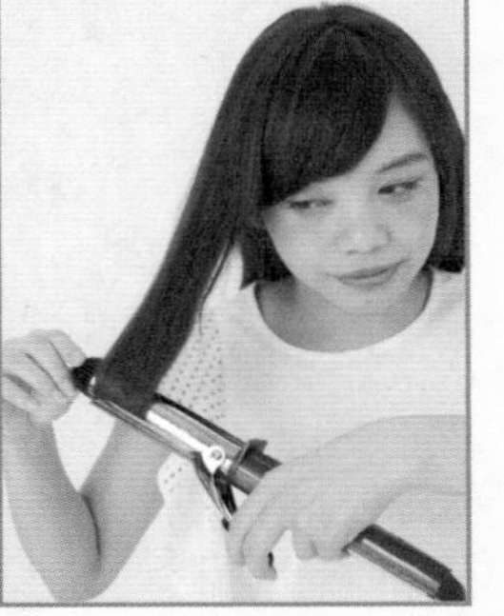

习惯用右手的人常遇到这种情况，卷左侧头发时朝内卷，卷右侧头发时却朝外卷了！其实换一下握卷发棒的手，就能顺利避免这个问题了！

常见问题2 发梢有明显折痕

确认夹片的位置正确然后再开始卷头发

向内卷的话……

×!

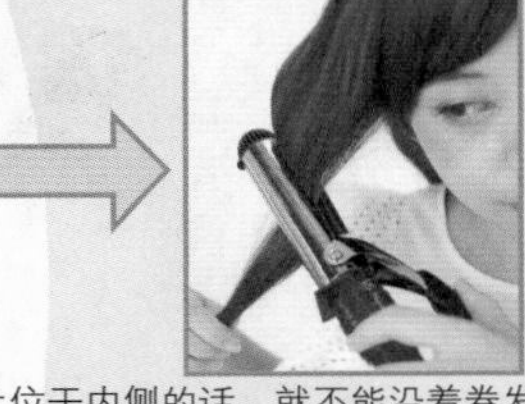

向内卷时，如果夹片位于内侧的话，就不能沿着卷发棒的圆弧进行，产生发梢折痕的问题，需要注意。

OK!

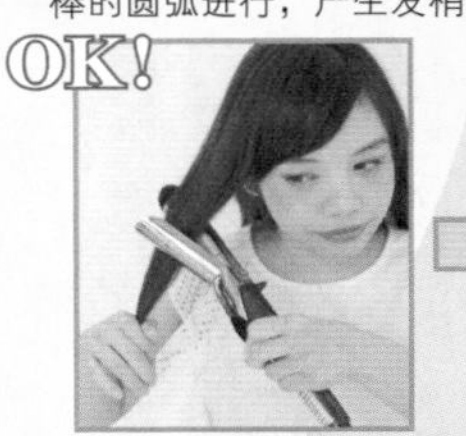

将夹片置于外侧，沿着卷发棒的圆弧形顺畅上卷，连发梢都能卷出漂亮的弧度。

常见问题3 发卷很快就散开了

卷完后的一个步骤至关重要！

烫完发卷后不能立即打散发卷。应该托着卷好的发束冷却3秒钟左右。热度散去后，发卷就能定型了。

基础 3 了解与头发相关的部位用语

为了能清楚地理解要卷哪里的头发，也需要事先知道头发的相关词汇！

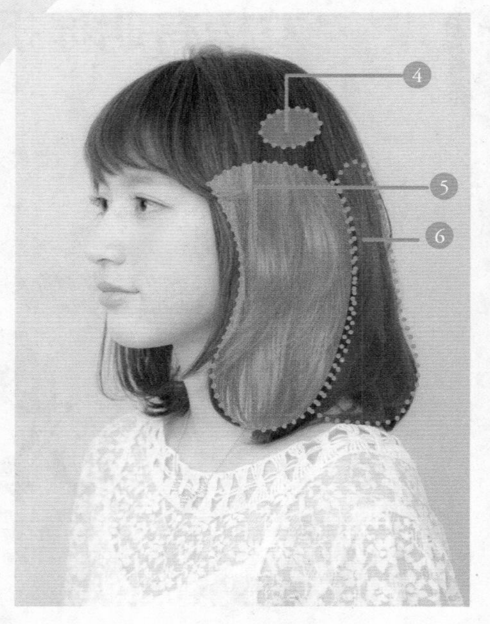

襟位

指颈部发际线边缘的头发。将脑后部的突发分成上下两区时，下方的部分和襟位的头发如何卷，会改变发型印象。

1 头顶

指头最上方的部位（头顶部）及其周围。使用电卷发棒或卷发筒，将此处卷出蓬松感，能优化整体比例。

2 脸两侧

指侧面包着面部轮廓的头发。将这部分头发卷成内卷还是外卷，能很大程度改变印象。可以结合自己想要的形象来调整。

3 发梢

指头发的顶端部分。“将发梢卷一个卷”“让发梢外翘”等，本书中经常出现的术语。需要明确将发梢如何卷。

4 侧点

头上最突出的部分。以此为基准，以上称为“侧点上方”，以下成为“侧点下方”。基本上需要控制侧点部分的发量。

5 侧发区

指侧面的头发，有时也代表盖住耳朵部分的头发。在卷发前给头发分区时，通常会将侧发区与后发区的头发分开。

6 后发区

指长在脑后部的头发，在卷发说明中常用“将后发区分成上中下 3 部分”的说法。

基础 4 是否能顺利卷发，原本的发型也很重要

有的时候留长了的头发也不能随心所欲地卷出发型。需要定期去理发店修剪出“适合卷发的发型”。

Bob
波波头

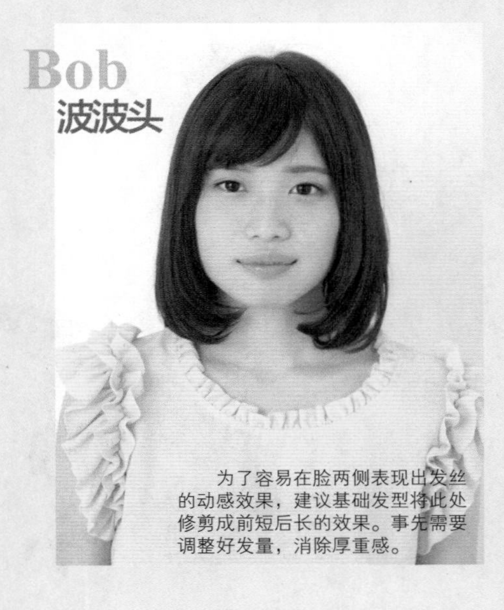

为了容易在脸两侧表现出发丝的动感效果，建议基础发型将此处修剪成前短后长的效果。事先需要调整好发量，消除厚重感。

Long
长发

将发梢修剪的比较细的话，即使长发也容易表现出发束的动感效果。脸两侧留一些独立的短发束也OK。

Medium
中长发

如果修剪得过于轻薄，在卷发时不容易表现出动感，需要注意这一点。修剪时让刘海与侧面过渡衔接，无论做内卷还是外卷都很容易。

基础 5 掌握内卷和外卷的方法，就没问题了！

学会了内卷和外卷的方法，就能应对之后的应用了。在这里介绍斜着拿卷发棒的卷发方法。

内卷法

现在教给大家斜着 45° 左右拿卷发棒的内卷方法。这个技巧主要在混合卷时使用，给人优雅的女孩印象。

1 用卷发棒夹在发梢与发根中央的部位。确认夹片是位于外侧的。

2 从夹住的位置开始向内旋转卷发棒，同时向发梢部分滑动。

3 稍微张开夹片，滑动到发梢。将发梢也卷到卷发棒上。

4 再向上卷到发束的中间位置。这样能将热度充分传递到发丝上。

外卷法

主要在混合卷时使用的方法。发型中加入了外卷法后，能立即提升华丽感。大概斜着 45° 拿着卷发棒，向后卷发束。

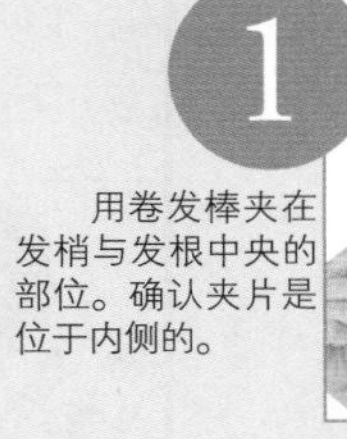

用卷发棒夹在发梢与发根中央的部位。确认夹片是位于内侧的。

从夹住的位置开始向外侧旋转卷发棒，同时渐渐向发梢滑动。

稍微张开夹片，滑动到发梢。将发梢也卷到卷发棒上。

再向上卷到发束中间位置。这样能让发束从中间到发梢的部分向外卷了。

基础6 确认卷发的位置

卷的位置会因为“想要在哪里表现出发卷”而改变。最经常使用的是中间卷法和发梢卷法，所以需要记住哦！

中间卷法

指从中间开始卷，从发束的中央部分开始做出明显的发卷效果。有的时候会一直卷到发梢，有时也会不卷发梢。

※此处以内卷法为例。

1 因为想要在中间开始上卷，所以用卷发棒夹住中间位置。让夹片位于外侧。

2 从夹住的位置向内旋转卷发棒，向发梢方向滑动。

3 稍微松开夹片，一直滑动到发梢。这样就连发梢也卷到其中了。

4 然后再向上卷一直卷到发束中央位置。这样就能让热度充分传递到发丝上。

发梢卷法

我们称卷发棒从发梢开始夹起的方法，叫作发梢卷。当想要让发梢的发卷明显的时候，就采用这个上卷的方法。

※此处以内卷法为例。

1 一开始用卷发棒夹住发梢。向内卷时就让夹片位于外侧。

2 夹住发束，同时向上卷。一直卷到想要显出发卷的位置。

3 卷到目标位置后，停顿3秒钟。让热度充分传递到发丝上。

平卷法

横着拿卷发棒，夹住发梢开始卷的方法。虽然多采用内卷法，但如果事先记住外卷法的话，实际操作起来会更便利。

内卷法

1 横着拿卷发棒，夹住发梢附近。让夹片位于外侧。

2 保持卷发棒横着，向发梢小心地滑动，夹住发梢。

3 从发梢开始向内侧卷一圈半。停顿3秒钟，缓慢放开。

外卷法

1 横着拿卷发棒，夹在发梢附近。让夹片位于内侧。

2 保持卷发棒横着，向发梢小心地滑动，夹住发梢。

3 从发梢开始向外侧卷。可调整卷的圈数，卷到期望的位置即可。

基础 7 分区的关键是要分得细

初学者的话，经常会随意的卷发，这样容易搞不清哪个位置采用哪种方法卷。一开始还是耐心地给头发分区吧。

短发的话……

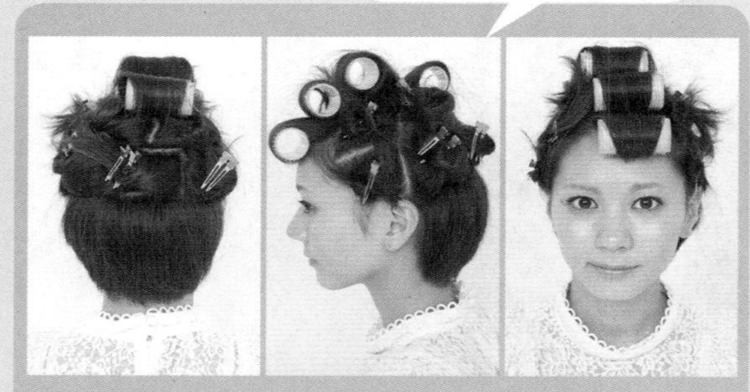

后面头发短的话，只要分2层即可

后面的头发分为襟位和中层，两侧的头发分为上下两层，其他部分的头发就事先用魔术粘发卷来卷上。

基本分区方法是这样的

刘海、头顶用魔术粘发卷

后面的头发分为襟位、中层、上层三个层次。两侧基本上分为两层。这样容易清晰地卷发束，不掺杂到一起。

使用预热卷发筒的话……

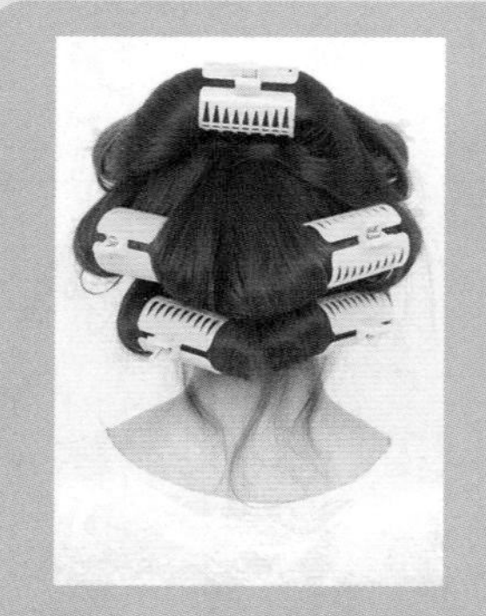

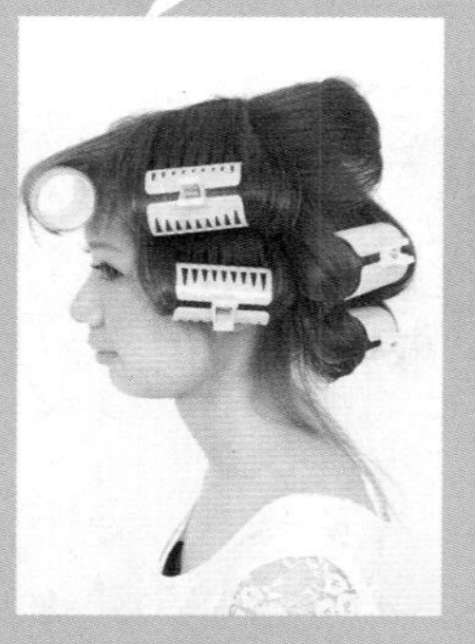

侧面分为上下两层，后面分为上下左右4个部分

使用能卷出柔和大卷的预热卷发筒，只要大致给头发分区即可。头顶也卷一下，使其蓬松起来。

内卷法的话……

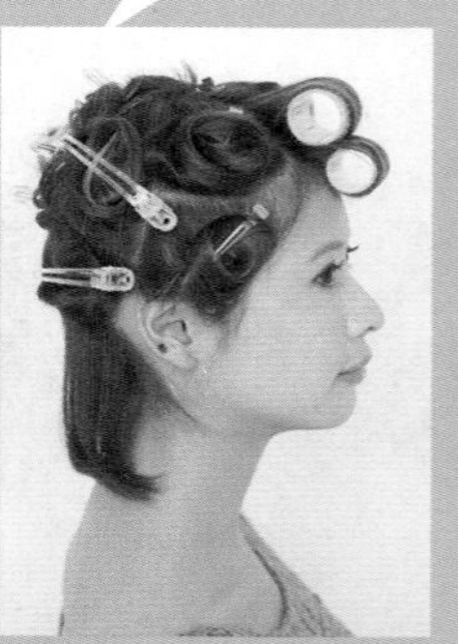

头顶也要细致地分区

如果头顶不要蓬松效果，只在发梢留有一个内扣卷的话，头顶也需要分区。

卷发熟练了之后，大致分区也OK！

卷发熟练了之后，即使不再细致的分区也知道能卷出什么样的效果了。所以对于卷发达人来说，可以采用以下的分区方法！

读者模特 **渡部麻衣**流派

将头发从中央分开后，再将各部分分成3束并且拧转发束

将头发从中央大致分成两部分后，再将个各部分分成3等份。既大概纵向分成了6份，分别将各束头发拧转。

造型师 **小矶由香**流派

将侧面的头发放下
将后面的头发分成4层

将左右两侧的头发都放下来。而后面的头发分成4层，这样发卷能相互重叠，效果更好。

造型师 **金子真由美**流派

将侧面、襟位、表面
共分成6个部分

横向分完之后，将后面以耳朵为界限，分为耳朵上方（表面）和耳朵下方（襟位）两层。然后将这2层再分别进行二等分。

基础 8 用直发板让发型变化更丰富

如果有一个直发板的话，那么发型变化就会增加很多。即使初学者也很容易操作，是直发板的魅力所在。

Panasonic 纳米护理直发板 EH-HS95。既能保持高温，又可以加压，所以能打理出美丽的发型效果。

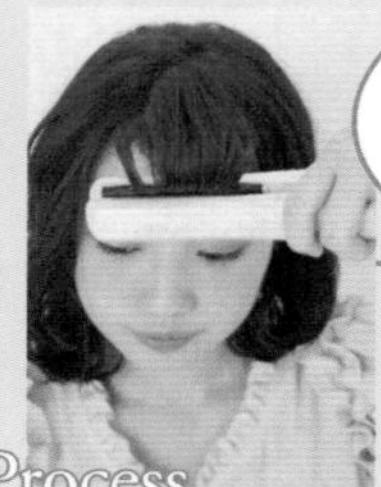

只要让发梢稍微进入夹板就可以。也不用担心会烫伤自己。

通过光泽感强的内卷法，突出漂亮的秀发印象

用直发板夹着头发从中间滑动到发梢，将手腕向内转。就能快速完成光泽感强的内卷发型。

实现不过于卷翘的外翘发型

在发梢部分，将手腕向外旋转，就能完成外翘发型。可以打造出自然外翘而没有卷发棒那么刻意的印象。

夹住头发，内→外交替用力，做出弯曲效果

用直发板夹住发束，交替着向内→外方向用力，做出弯曲效果。就能实现波浪的卷发造型。

基础 9 掌握用鸭嘴夹固定头发的方法吧

分区时，需要用鸭嘴夹固定，所以在这里我们讲解一下能牢固固定头发的方法。

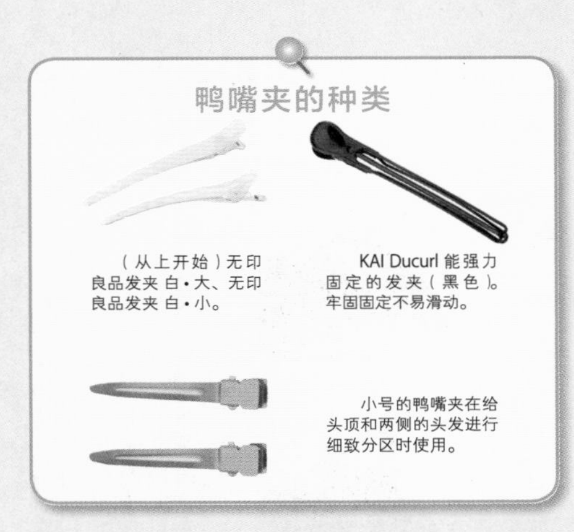

1 将发束拧转一圈，更容易固定，不易滑动。向哪个方向拧转都可以。

2 将发束拧转后，再打个圈盘在头顶上。如果发梢过长的话，就再卷一圈。

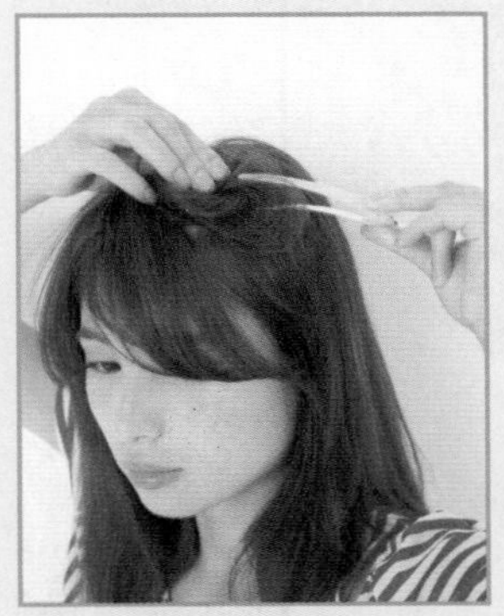

3 将鸭嘴夹的一侧夹片插入靠近头皮的位置，夹住盘起来的发束。

4 鸭嘴夹固定好的状态就是这样。根据发束发量的多少，调整鸭嘴夹的大小。

基础10 能熟练用卷发筒卷头发的话，则更高级

需要注意的是，只卷发梢的话，做不出漂亮的大卷。关键是要将卷发筒尽量接近发根！

1 将想要卷的部分的发束拿起来，将卷发筒放在发根附近。

2 好像梳理发束似的，缓慢地将卷发筒滑动到发梢。

3 从发梢整齐地卷到发根，注意不要让头发从卷发筒上散落。

首先需要学会 掌握流行的自然内卷法

光用内卷法打造的发型集锦，即使卷发初学者也很容易挑战成功。主要采用的“平卷法”，即让卷发棒与地面平行，横着上卷，所以超简单就能掌握。能表现出让人惊艳的秀发魅力，学会这些一定不会后悔的！

使用产品
- 32mm 的卷发棒
- 25mm 的卷发棒
- 自粘魔术卷发筒（中号 ×1、小号 ×1）
- 气垫梳子
- 鸭嘴夹
- 空气感造型喷雾

将发卷打散 表现出休闲感

将平卷后的发卷打散，营造出自然慵懒的韵味。因为想要保持发卷的弹力，即使用梳子梳理也没关系，所以短发部分就采用细的卷发棒来烫出韧性强的发卷。

小提示！ POINT!

❶结合头发的长度，使用不同的卷发棒

❷用梳子梳理开，强调空气感

❸用空气感造型喷雾，让头发更轻盈蓬松

基础造型 BASE STYLE

前长后短的波波头，圆润的廓形很有女人味。刘海长度到眼睛下方，自然倾向两侧。

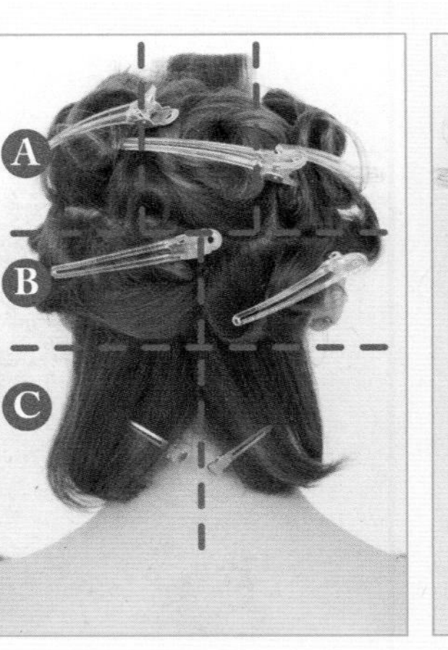

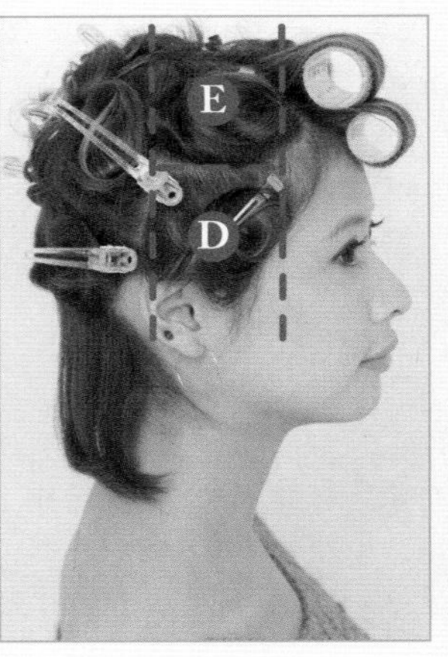

进行分区

侧面分成 2 层，后面分成 3 层。刘海的上半部分采用中号的自粘魔术卷发筒、下半部分采用小号的，卷成内卷。为了表现出立体感，分区要比较细。

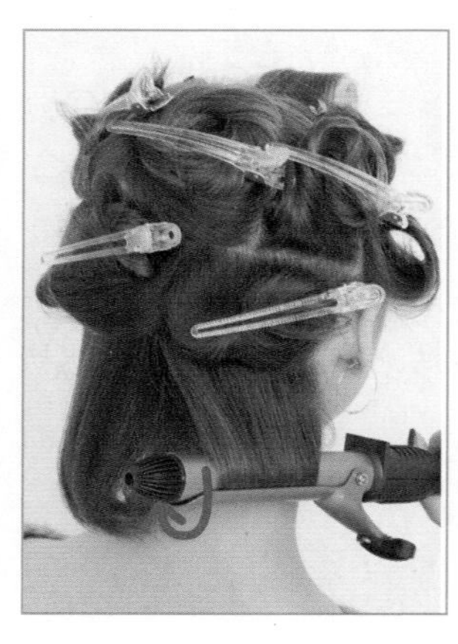

1 将Ⓒ区向内卷

将襟位部分的头发分成2份，使用25mm的卷发棒，分别烫成内卷。在发梢卷出力度强的一个内卷。

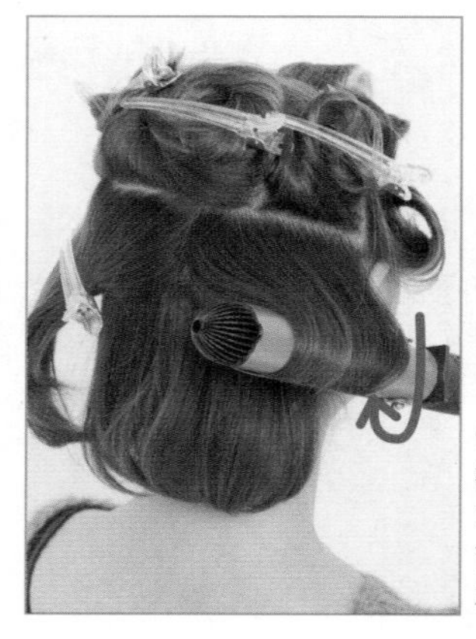

2 将Ⓑ区向内卷

将中间层Ⓑ分成2份，使用32mm卷发棒分别烫成内卷。拿卷发棒时，让卷发棒与地面平行，是平卷法的基础手法。

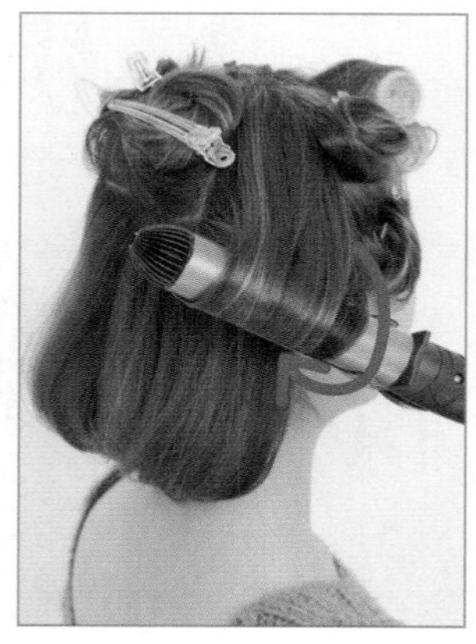

3 将Ⓐ区向内卷

将上层的Ⓐ区分成3份，使用32mm卷发棒分别烫成内卷。一边向上提着发束，一边上卷，完成的效果更蓬松。

4 将侧面向内卷

侧面的Ⓓ区和Ⓔ区，用32mm的卷发棒向内卷。从Ⓓ区开始，Ⓔ区需要结合头型，稍微向上提着的同时上卷。

5 将发卷打散喷定型喷雾

先用气垫梳子梳理头发表面，打散发卷，表现出空气感。再用手捏着发卷，喷上定型喷雾。

有立体感的韵味卷发

立即变身最时尚的空气感波

侧面

背面

SIDE & BACK

发型设计：HOULe eriko

细绺卷发演绎出流行的干爽质感

略带慵懒凌乱印象的魅力卷发造型，头顶适度浮起的发丝，是表现干爽质感的关键。一边将细绺发束向上提着卷起来，再喷上硬性喷雾保持效果。

小提示！ POINT!

1. 取细绺头发，一边向上提着一边卷
2. 在高温状态下卷，烫出强力的发卷
3. 头顶浮起的几绺头发，用造型力强的硬性喷雾来固定

在脸两侧修剪出层次的波波头，发束包裹住脸颊，有显得脸小的作用。刘海长度到眼睛上方，显得眼睛更有神。

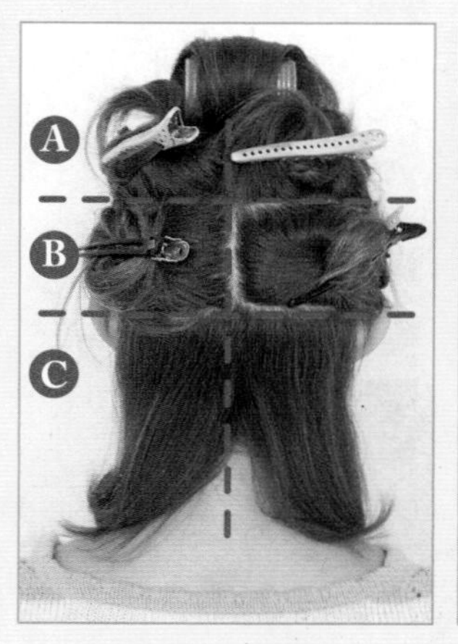

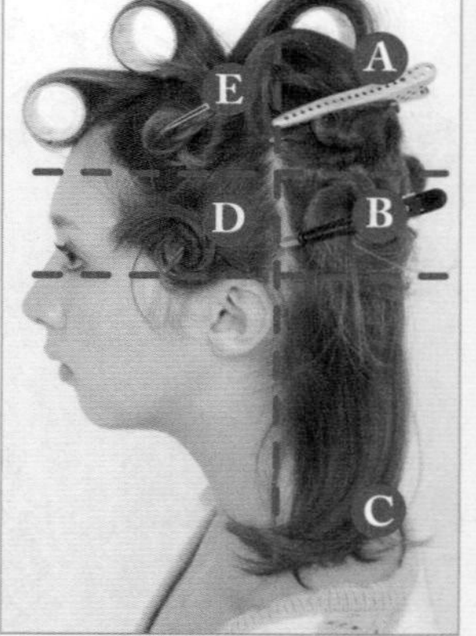

进行分区

头顶的前后部分采用中号的自粘魔术卷发筒，刘海采用小号的，向内卷头发。后面分成3层，侧面分成2层。

1 将Ⓒ区向内卷

将襟位处的Ⓒ区头发分成 2 份，分别采用内卷法。使用 160° 左右的高温烫卷保持 3~5 秒，能做出力度强的发卷。

2 将Ⓑ区向内卷

将中间层的Ⓑ区头发分成左右 2 部分，分别采用内卷法。一边向上提着一边卷到头发中间位置，这是表现出蓬松感的关键。

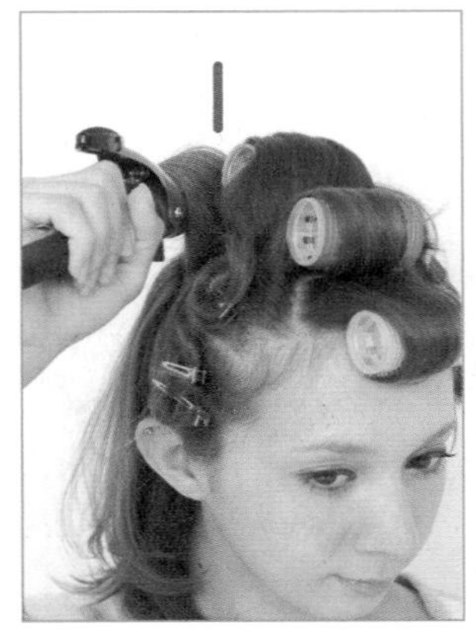

3 将Ⓐ区向内卷

将上面一层的Ⓐ区头发分成 2 份，分别一边向上提着一边向内卷。高温状态下保持 3~5 秒，做出力度强的发卷效果。

4 将Ⓓ区向内卷

将侧面的Ⓓ区和Ⓔ区头发向内卷，先从Ⓓ区开始卷。这部分不要上提着卷，稍微控制此处的体积感，让头发贴着面部线条。

5 将Ⓔ区向内卷

将Ⓔ区头发一边向上提着一边向内卷，撤掉魔术卷发筒。最后将头顶的发束抓一下，喷上硬性喷雾。

表情丰富的健康卷发

为休闲服装提升时尚实力！

侧面

背面

SIDE &
BACK

发型设计：Garland
榊原章哲

内卷 & 斜向卷结合让发型更自然

将整体头发大致纵向分成 4 部分，烫成内卷。然后，不规则地取 4 束头发，斜着卷内向卷，这是关键。只通过这一个技巧，就能自然地表现出充满女人味的青春女孩印象。

小提示！ POINT!

1. 卷发棒均匀受热后再卷头发，发梢全部烫出一个卷
2. 取 4 束左右的细绺头发，采用斜着的内向卷法
3. 将刘海分为 2 层，做出自然卷曲的效果

基础造型
BASE STYLE

基础发型是长度到锁骨下方的中长发，为了让表面表现出动感效果，修剪出了层次。刘海长度到眉毛，修剪的自然衔接侧面。

1 将发梢烫出 1 个卷

将头发整体纵向分为 4 份。从侧面开始向内卷，将发梢烫出 1 个卷。将发梢均匀地夹在卷发棒上。

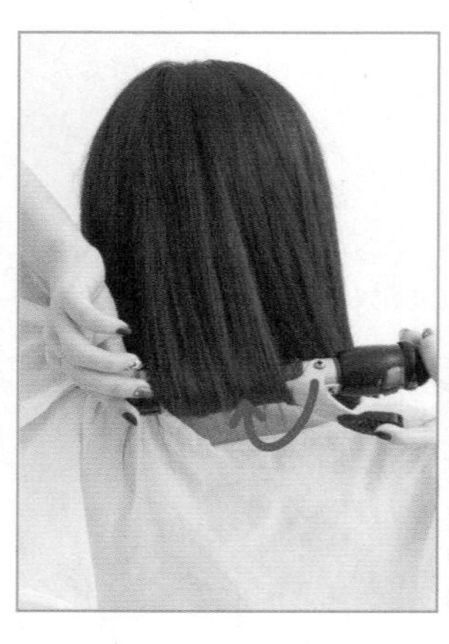

2 后面也将发梢烫出 1 个卷

后面头发因为自己看不到，所以容易出现不均匀。如果头发长度有限，不能把发梢拿到前面卷的话，就用一只手拿卷发棒，另一只手辅助进行吧。

3 将细绺发束采用斜向的内卷法

从表面取 4 绺较细的发束，从中间开始斜着向内卷。不卷发梢的话，表现出更自然悠缓的发卷。

4 冷却降温

发束从热到冷的时候才能很好定型，所以撤掉卷发棒后，用手指托着保持几秒钟。轻轻拉扯，让发卷稍微展开一些。

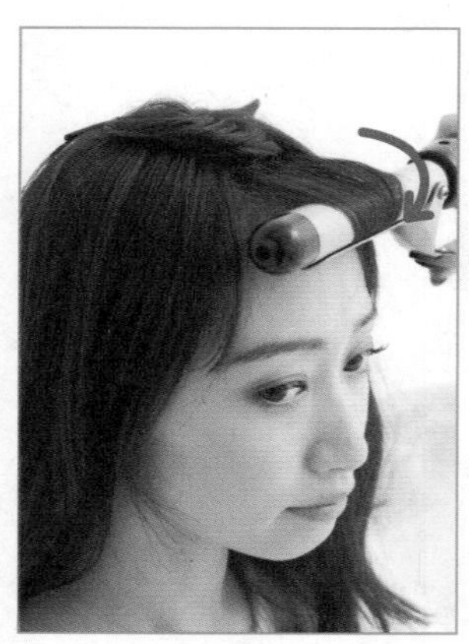

5 将刘海分成 2 次烫卷

刘海分为上下 2 层，分别烫卷。如果一次烫卷的话，发卷线条太圆，比例不协调，所以要让发卷能自然过渡。

6 最后打散发卷

以发梢为主，用手指插入头发中，将发卷打散。将发蜡从发梢涂抹到中间部位，使发丝适度含有空气感就完成造型了。

不谄媚的自然女人味
很适合现在的心情

发型设计：apish jeno
小矶由香

略大的发卷
表现适度自由放松的印象

不分区，大致烫卷的卷发造型，将女人味与慵懒放松印象完美结合。其实谁都适合比较大的发卷，显得发丝柔软，效果很好。

小提示！ POINT!

❶ 用比较粗的 38mm 卷发棒卷出大卷

❷ 卷烫时，每束头发发量较多，能表现出统一感

❸ 长刘海用抓捏手法 & 发蜡做出卷曲效果

基础造型
BASE STYLE

长度到胸部上方的长发，发梢有适度重量感。脸周围修剪出了层次，所以即使头发长也容易表现出动感印象。

1 襟位处的头发向内卷

事先用自粘魔术卷发筒将刘海向内卷。襟位处的发束则拉到前面，从发梢向内卷 1 圈半。

2 两侧头发从中间开始夹

两侧的头发从中间开始夹，一直滑动到发梢再向内卷 1 圈半。取的发束适当厚一些，大致卷一下即可。

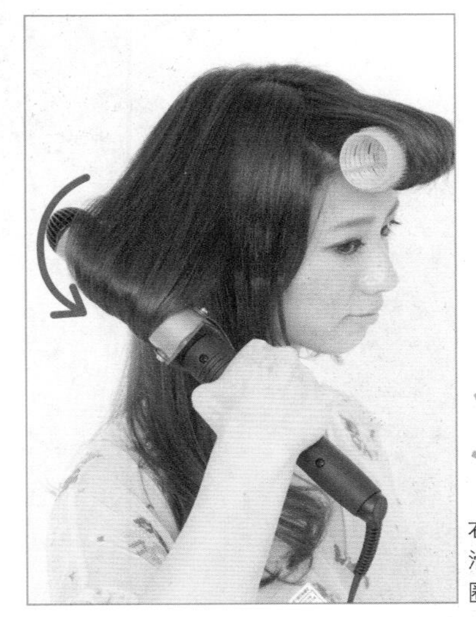

3 将正后方的头发向内卷

正后方的头发分为左右两部分，从中间开始夹，滑动到发梢后向内旋转 1 圈半。关键是要在后面卷。

4 用发蜡保持刘海造型

打开自粘魔术卷发筒，用手指将刘海梳理成中分。在手指上涂抹发蜡，让刘海向左右两侧倾斜似地调整定型。

5 揉搓涂抹发蜡

在手掌上揉搓使发蜡融化、均匀分布。从发梢开始握住发卷似地涂抹发蜡。感觉发束自然松散后，就完成了。

简单卷成的大卷发型

表现出温柔女人味

SIDE & BACK

侧面

背面

发型设计：Tierra
三笠龙哉

运用直发板
重视头发光泽感

如果是用直发板夹出来的内卷发型，就能强调光泽感，给人清纯印象。比起使用卷发棒，更轻便，繁忙的早晨就用这一招来搞定发型吧。

小提示！ POINT!

1. 从襟位处的发束开始夹直发板
2. 从想要表现出光泽的位置开始夹并向下方滑动
3. 不要中途停止，一边向下滑动一边将发梢向内侧卷

基础造型 BASE STYLE

这款中长发从下巴下方开始加入层次，在脸周围增加了动感效果。发梢修剪的容易自然内扣。

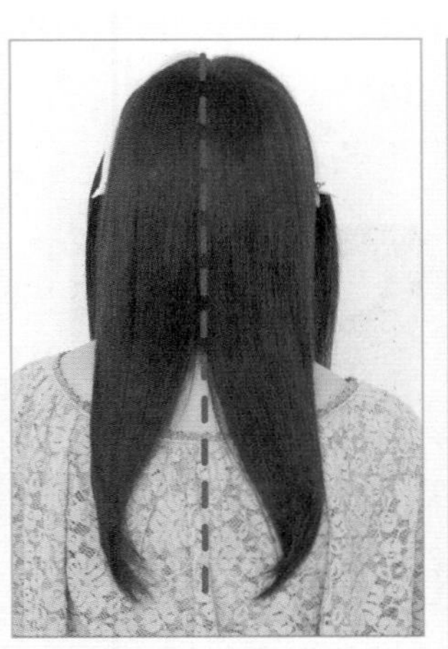

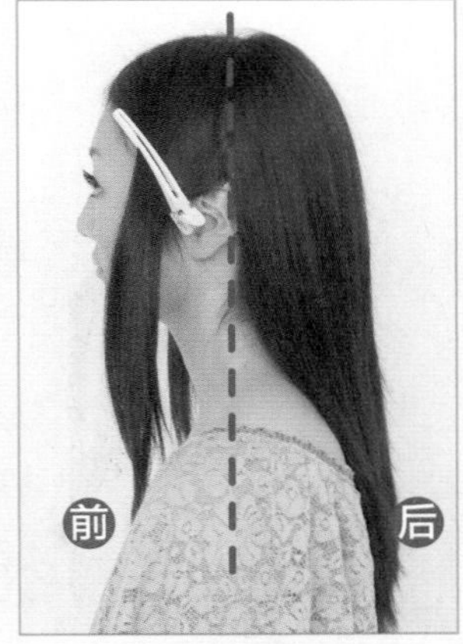

进行分区

将头发分为四个部分，以头部中央为分界线，将头发分为左右两部分，然后以耳朵为基准分为前后两部分。

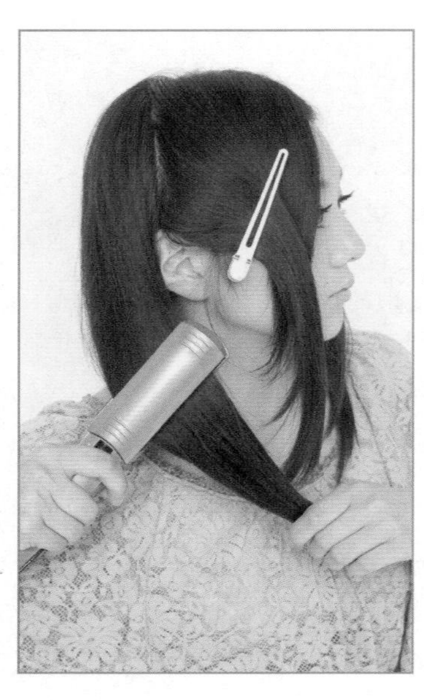

1 从后面开始卷

首先从襟位开始卷头发。将襟位处的头发分为两部分，从想要表现出光泽感的中间部分开始，夹上直发板。

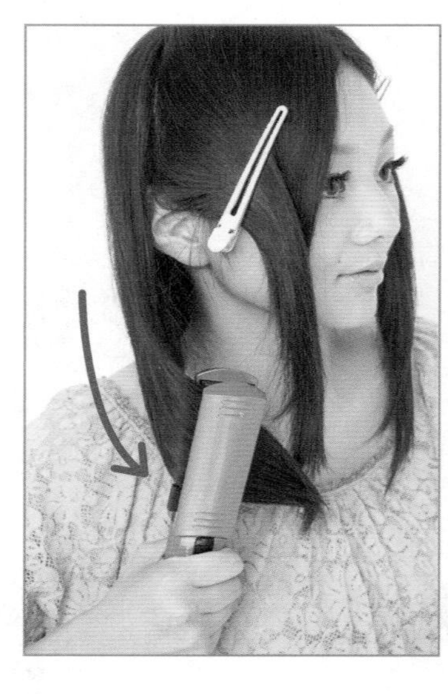

2 滑动到发梢

保持原状，一直滑动到发梢。慢慢进行，中途不要停止，保持压力均等。

3 在快到发梢的位置向内侧旋转

在到达想要向内卷的部位之前，旋转手腕，让直发板向内侧滑动，然后撤离。侧面的头发也用同样的方法进行。

用彰显美丽光泽的清纯卷发
打造可爱女孩印象

SIDE & BACK

发型设计：yu-ki

发梢的悠缓发卷
让发型的自然印象满分

不要卷得线条过于圆润，而是在发梢打造悠缓的发卷，营造出自然印象。将头发整体分成 6 束，使用 38mm 的卷发棒分别从发梢开始卷 1 圈半即可。就完成了任何场合都适用的万能发型。

小提示！ POINT!

❶ 不用鸭嘴夹，纵向分成 6 束烫卷

❷ 使用略粗的 38mm 卷发棒，在发梢烫出悠缓的发卷

❸ 将卷发棒从中间滑动到发梢，让表面整齐

进行分区

不使用鸭嘴夹等工具，用手梳理，将整体头发大致分为 6 束。左右各 3 束，一边纵向整理出发束，一边卷发。

1 从发束中间开始夹

因为目的是做出悠缓的发卷，所以建议使用 38mm 的卷发棒。手拿卷发棒，让卷发棒与地面平行，先从发束中间开始夹。

2 滑动到发梢

用卷发棒夹住发束，一直滑动到发梢。这样能熨平自来卷等发丝弯曲，让发束表面平整，产生光泽感。

3 向上卷 1 圈半

滑动到发梢之后，横着将卷发棒向内侧卷。卷 1 圈半，发梢就自然形成 1 个发卷的效果了。

4 保持 3 秒后撤掉

卷上后，保持 3 秒钟再撤掉卷发棒。其他的发束也一样，从中间开始滑动到发梢，向内卷 1 圈半。

5 喷上有亮泽效果的喷雾

整体都向内卷完之后，用手梳理发丝，打散发卷。最后整体喷洒喷雾，突出美发的亮泽印象。

万能的韵味卷发诞生啦

无论是休闲造型还是外出造型都能搭配

SIDE & BACK

侧面

背面

发型设计：Garland
真木游

内卷发型变化

VARIATION

浅色调的波波头
很适合内卷发型

侧面

背面

头发颜色浅的波波头，在发梢烫出一个发卷，能更增加华丽感。略短的刘海也用卷发棒快速熨一下，就能增加立体感。最后揉搓发蜡，增加动感效果。

发型设计：at'LAV by Belle
野口由香

侧面

背面

圆润线条的波波头
展现女孩特有的可爱

从波波头到长发，不同长度的内卷发型大集合。只是向内卷一下头发，就能表现出轻盈动感，为平常的头发带来新鲜变化。拿起你的卷发棒，让我们试一试！

发型设计：MINX aoyama
桜井智美

用圆形的廓形提升女人味魅力

长度到锁骨的多层次中长发。用卷发棒在发梢卷出 1 个发卷，变成了圆润的廓形。在直顺的头发中加上 1 个发卷，立即增强了女孩印象。

发型设计：SHIMA KICHIJOJI PLUS1
KUMI

人人喜欢的清纯印象正是内卷发型的功劳

无层次波波头只需在发梢统一打造出一个发卷，就能变身为人人喜欢的可爱发型。这个发型不挑发质，所以容易尝试，谁都能给人清纯印象！

发型设计：Garland
真木游

活泼的发色和发梢的动感效果
尽情表现街头时尚感

刘海发梢剪出层次，使其自然流向下巴和两侧，这款中长发本身就重视立体感。一边提起表面的头发，一边向内卷发梢，就能让发型的动感和深邃感倍增。时尚印象也立即实现最大化。

发型设计：MINX aoyama
松下HITOMI

结合头发层次增加的内卷
让发型更轻盈、更立体

修剪成统一长度，适当加入层次表现出渐变效果。结合层次烫出内卷的话，就能表现出飘逸蓬松的空气感。从中间插入卷发棒，滑动到发梢，更加强调光泽。

发型设计：LIPPS表参道
清口SATOMI

锯齿形的短刘海和发梢的弯曲发卷 彰显出成熟女人的可爱

统一长度的基础发型+短刘海，容易给人孩子气的印象。在脸周围加入层次，用卷发棒在发梢烫出内卷，表现出柔和的动感印象。打造的目标是让可爱和成熟感并存。

发型设计：Un ami omotesando
津村佳奈

只要早晨稍微卷一下 就能让直发给人自然时尚印象

用略粗的38mm卷发棒，将发梢烫出发卷，就为发型增加了自然的动感和蓬松效果。直发发型的烦恼是容易过于扁塌，这一招轻松化解这个烦恼。注意是从接近发根的位置开始插入卷发棒，滑动到发梢再上卷。

发型设计：apish jeno
岛根宽明

外翘的效果是关键 掌握休闲自然的外卷法

虽说是向外卷，但不能是向外支撑力度很强的那种发卷。要想打造现在流行的外卷法，应该做出适当外翘的效果。在这里就掌握用直发板卷出外翘发梢和用卷发棒打造外翘 & 内卷混合的技巧吧。让你的发型带有时下最流行的休闲气质。

用直发板修饰出外翘发梢

现在教给大家用直发板做出发梢外翘却不会形成发卷的方法。从中间到快到发梢的部分，强调直顺的一面，这样就能更加突出发梢的外翘效果了。

❶不用鸭嘴夹，将头发纵向分成 6 束

❷发束的中间部分用直发板调整出直顺状态

❸拿着直发板的手向外翻转，做出外翘效果

进行分区

将整体头发纵向大致分成 6 束，左右各 3 束。不用鸭嘴夹等固定，只要一束一束地按照顺序依次用直发板即可。

1 从头发的中间部分开始夹

将直发板夹在头发的中间部分。用另一只手拿着发梢，更容易进行。温度设置在 160℃ ~180℃左右。

2 向发梢方向滑动

将直发板向发梢滑动。将头发中间部分调整得直顺，就能强调发梢的外翘效果。用直发板快速滑过发束即可。

3 拿着直发板的手，翻转手腕

当直发板滑动到快到发梢的位置时，将手腕向外翻转，做出外翘效果，撤掉直发板。头发上的热度冷却下来后，弧度就定型了。

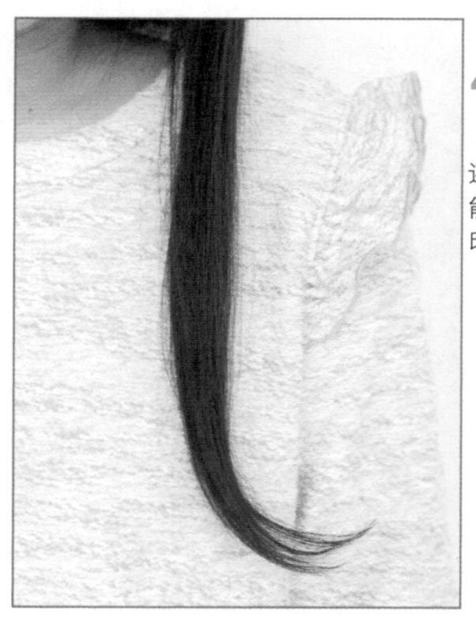

4 外翘的标准是不要形成发卷

外翘的标准如照片中所示，最好是还没形成一个发卷。这样发束重叠后，就能表现出立体感，让发型透着适度休闲印象。

5 用发蜡强调外翘效果

将发蜡放在手掌上，充分揉开，好像抓住外翘的发梢似地涂抹。最后再喷定型喷雾，能更持久保持造型效果。

用好似随风飘扬的轻盈外翘发型
变身帅气女孩
侧面
背面
SIDE & BACK
发型设计：Garland
真木游

内收 × 外翘结合诞生 S 形发卷

如果波波头整体采用外翘卷法的话，会显得过于膨胀，整体比例并不协调。用外翘与内收结合的方法，表现出聚拢效果。需要与内卷法相配合，还能保持青春气息。

小提示！ POINT!

❶ 在让发梢外翘之前，先做出内收的效果

❷ 在内收的部分下方采用外卷法，形成 S 形发卷

❸ 表面的头发混合使用内卷法，增强蓬松感

外部轮廓线保留得比较厚重，前短后长的波波头。表面的层次增加轻快感，长度到眉毛下方的刘海修剪得很整齐。

进行分区

按照侧点上方和侧点下方，将头发分成上下两部分，用 2 个鸭嘴夹将上方头发固定。先从下方部分开始卷。

1 打造内收的部分

在让发梢外翘之前，先用卷发棒从位于发梢上方的位置略微施压，做出内收的效果。在发梢预留出做 1 个发卷的长度。

2 将发梢采用外卷法烫卷

做完内收效果后，在其下方，将发梢用外卷法烫出 1 个卷。处在分区下方部分的头发，都采用同样方法进行内收 & 外卷操作。

3 形成自然的 S 形

因为先做了内收的部分，所以自然出现了 S 形的发卷。整体廓形有聚拢效果，更有女人味。

4 上面一层用内外交替的卷法

上面一层的头发，左右各分成 4 部分，前面的发束向内卷。在脸周围形成包裹的发卷。

5 内卷法之后就用外卷法

前面的用内卷法。剩余的 3 个部分就依次按照外→内→外的顺序交替上卷。另一侧也同样上卷后，涂抹发蜡。

表情精彩的外翘MIX卷法

用不寻常的动感效果彰显魅力！

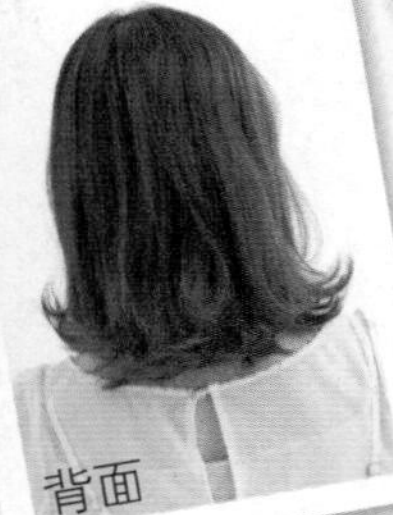
背面

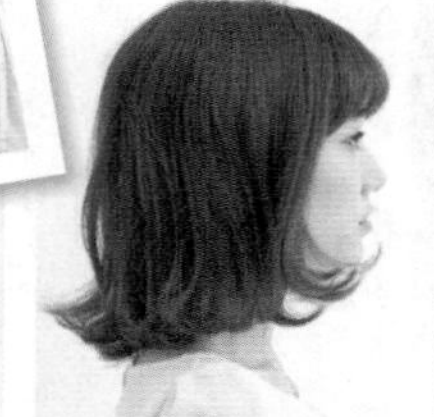
侧面

SIDE & BACK

发型设计：apish jeno
小矶由香

外卷发型变化 VARIATION

在脸周围或表面采用外卷法，发型变化更加自由！如果你正在为一成不变的发型而烦恼的话，一定要尝试一下外卷法。从短发到长发，这里汇集了最流行的各种发型变化。

随着动作也摇曳的发梢 令人心跳加速

脸两侧的发梢的长度不对称，有的用外卷法，有的用内卷法，表现出不规则的动感效果，让表情也显得更加丰富。襟位处适当收敛，让整个发型张弛有度。

发型设计：Tierra

用染色和外翘卷法实现 与众不同的个性派短发

这款短发用卷发棒烫出发梢跳动般的外翘效果。不规则的外翘发束，在襟位处适当收敛，完成高级的休闲发型。颜色是暖色系的紫铜色。

发型设计：MINX harajuku 池戸裕二さん

既保留了女孩的甜美印象 又增加了女性魅力

因为这款发型充分修剪出了层次，所以即使不烫头发也很容易表现出轻快印象，容易卷出发卷。用卷发棒将脸周围的发梢向外卷，让发梢朝向后方的话，就立即提升成熟优雅的女性魅力。

发型设计：AFLOAT D’L Jackie

因发梢轻快地外翘 变身天真无邪的可爱女孩

长度及肩的波波头，只是将发梢卷一下，就能让印象大变。整体用卷发棒向内卷后，再在表面多处做出外翘效果。用充满活力 & 可爱的波波头，提升被爱指数吧！

发型设计：ABBEY 小田岛信人

刘海和发梢的摇曳感 让你立即成为时尚女孩！

基础发型是I字廓形的直发。长度修剪到鼻子位置的刘海和整体发梢都采用 32mm 的卷发棒向外卷，表现出休闲不羁的印象。侧面头发放到耳朵后面的方法也值得参考。

发型设计：DaB daikanyama
濑尾千夏

直发×外翘发梢联袂 让高人气的波波头也透出成熟感

较长的波波头型，刘海修剪的稍微圆润一些。为了发挥紫丁香色的发色特点，除了发梢之外，其他部分保持直发，强调光泽感。发梢外翘，给人新鲜印象。

发型设计：Door
吉村友纪

现代感十足又带有休闲印象
绝妙的平衡效果值得效仿

保留了厚重感的A字形发型。只在表面修剪了层次，精心设计的剪法，便于打造外翘效果。发梢采用混合卷法，在脸周围采用外卷法，让造型充满俏皮感。

发型设计：LAURUM
AI

做出内收线条的狼剪发型
与外翘发梢的配适效果非常可爱

这是又流行起来的狼剪发型。为了在下巴下方位置能形成内收线条，而修剪出层次，所以打造外翘效果也变得很简单了。用卷发棒在脸周围和襟位处做出外翘效果，充分表现狼剪发型的特点。

发型设计：MINX harajuku
花渕庆太

时尚又可爱 掌握蓬松华丽的混合卷法

所谓混合卷法，其实就是将内卷法和外卷法这两种卷法结合的方法。让发卷的动感效果显得不规则，大大提升蓬松感和华丽感。与平卷法不同，对于发束以斜着运用卷发棒为主。稍加练习，以更高级的卷发发型为努力目标吧！

使用产品

- 38mm的卷发棒
- 自粘魔术卷发筒（大号×3、中号×2）
- 鸭嘴夹
- 小鸭嘴夹
- 气垫梳子
- 硬性定型发蜡

内外交替的卷法 打造轻盈蓬松的波浪卷发

将一束头发向内卷后，其旁边的发束就向外卷……这样交替上卷，就能做出蓬松的廓形。只有襟位处的头发不交替上卷，只用外向卷法的话，会更显华丽。

小提示！ POINT!

1. 头顶用自粘魔术卷发筒，保持自然蓬松
2. 第2层与3层采用交替的内外混合卷法
3. 襟位处的头发采用外卷法，营造华丽感

基础造型 BASE STYLE

长度到胸上方的长发，从脸颊的位置开始加入层次，增加动感效果。刘海修剪到眼睛上方，突出眼神力度。

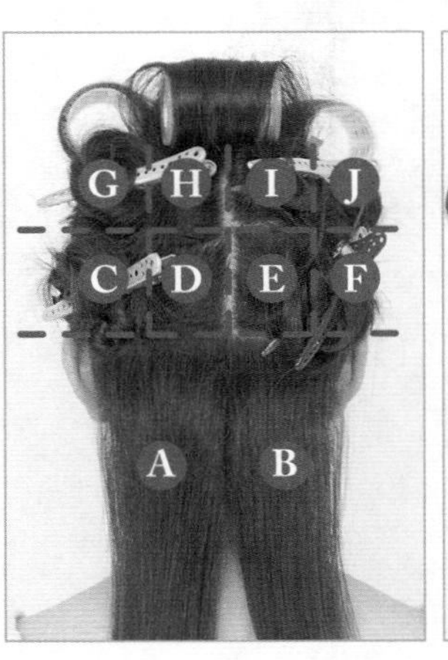

进行分区

刘海用中号的自粘魔术卷发筒、头顶使用大号的。两侧头发分成2层，后面的头发分成3层，分区尽量细致。

1 襟位处头发向外卷

将襟位的ⒶⒷ区发束，用卷发棒夹在中间，滑动到发梢后，向外卷。注意重点是斜着拿卷发棒。

2 将ⒸⒻ区头发向内卷

位于中间层的外侧ⒸⒻ区的发束，从中间开始向内卷。这样能形成适当内收的线条，让廓形更整齐。

3 将ⒹⒺ区头发向外卷

与2正相反，将位于中间层内侧的ⒹⒺ区的发束向外卷。用卷发棒夹在发束中间，滑动到发梢后向上卷到中间位置。

4 将ⒽⒾ向内卷ⒼⒿ向外卷

与2、3相反，上层内侧的ⒽⒾ区发束向内卷，而外侧的ⒼⒿ区发束向外卷。用卷发棒夹在发束中间滑动到发梢后，再卷起来。

5 将ⓀⓃ区的头发向内卷

位于侧面下层的Ⓚ区和上层Ⓝ区的发束都从中间开始向内卷。另一侧也一样。在脸周围营造出蓬松效果。

6 将ⓂⓁ区的头发向外卷

位于侧面下层的Ⓛ区和上层的Ⓜ区的发束都向外卷。另一侧也同样上卷。注意拿着卷发棒的手法，让发卷向后倾斜。

7 用梳子梳理

卷完发束后，用气垫梳子梳理，去掉一束束的感觉，增加蓬松空气感。最后喷上硬性定型喷雾。

仿佛充满了轻盈的空气感

甜美的波浪卷发是大家向往的目标

侧面

背面

SIDE & BACK

发型设计：Garland
榊原章哲

用细卷发棒打造不规则卷发

对于波波头等头发短的人来说，建议选择细卷发棒更容易操作。取细绺的发束，从发梢到发根充分上卷，完成头顶部分蓬松跃动的立体卷发。

小提示！ POINT!

❶用25mm的卷发棒从发梢开始强力上卷

❷取细绺发束，采用混合卷法

❸最后涂抹发蜡，保持空气感

基础造型
BASE STYLE

在发梢修剪出细腻的层次，实现圆润廓形的渐变波波头。卷头发时为了避免太过厚重，需要注意调节发量平衡。

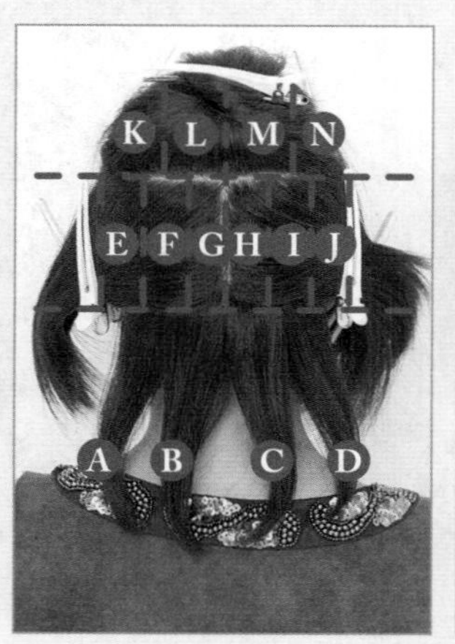

进行分区

襟位处分为 4 束，中间层左右分为 2 束，头顶、两侧分为上下 2 层。如照片中所示，细致分区后，再强力上卷。

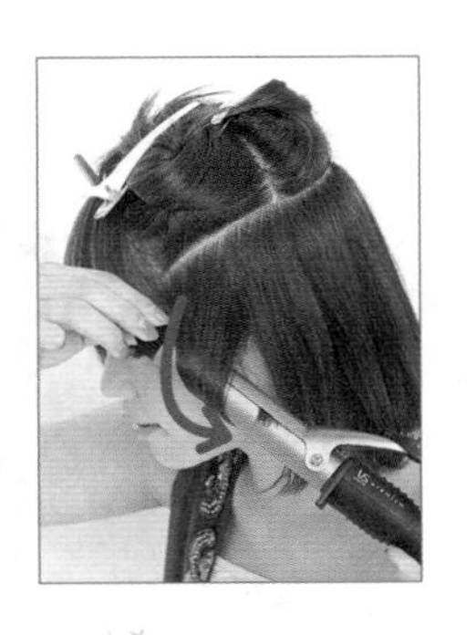

1 襟位外侧的头发向内卷

襟位外侧的Ⓐ Ⓓ区发束向内卷。用卷发棒夹住发梢，一直卷到发根，充分上卷。这部分要收敛头发的体积感。

2 襟位处发束的内侧向外卷

位于襟位内侧的Ⓑ Ⓒ区的发束与1相反，采用外卷法。从发梢卷到发根充分上卷。上卷时要斜着拿卷发棒。

3 中间层用内&外结合的卷法

中间层的区分更细致，将Ⓔ Ⓖ Ⓗ Ⓙ区发束向内卷，而Ⓕ Ⓘ区的发束向外卷。侧面的下层Ⓞ区的发束向内卷，这样让脸周围的头发也有立体感了。

4 侧面的Ⓟ区发束向外卷

位于侧面下层的Ⓟ区发束，从发梢开始向外卷。另一侧的发束也一样，脸周围的发束向内卷，其后面的发束则向外卷。

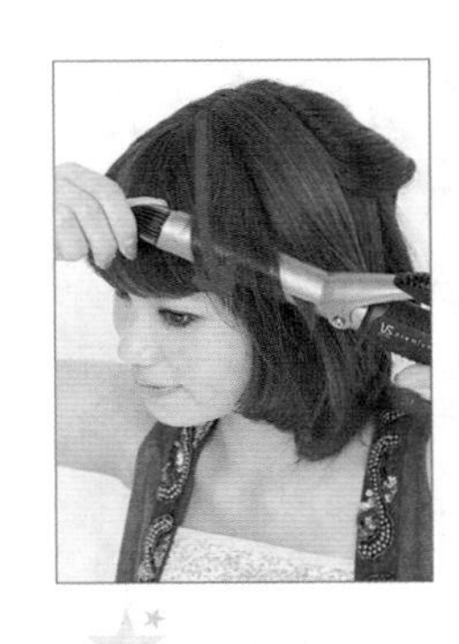

5 头顶的头发也用内&外混合卷法

头顶外侧的Ⓚ Ⓝ区发束向内卷，内侧的Ⓛ Ⓜ区的发束向外卷。侧面上层的Ⓠ区发束向内卷，Ⓡ区发束向外卷，让头顶蓬松起来。

6 将刘海向内卷

刘海用卷发棒夹住发梢向内卷。如果卷到发根的话，就弧度太强了，需要注意避免。

7 揉搓涂抹发蜡

取软性发蜡，在手掌上充分揉搓开，然后好像从下向上抓握发束似的涂抹发蜡。完成蓬松慵懒的自然效果。

内外卷法交叠的千层派式卷法

打造完美无死角的立体波波头！

侧面

背面

SIDE & BACK

发型设计：yu-ki

用从中间开始的混合卷法

将头顶处细致分区，从发束中间开始用卷发棒，向内外交替上卷，就能实现A字廓形。将脸周围的发束向外卷的话，会显得轮廓太大，所以应该采取内卷法。

基础造型 BASE STYLE

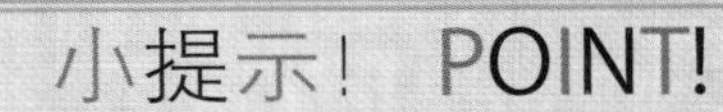

❶在上方进行细致的分区

❷卷发的方法全部是从中间卷的

❸上层的脸部周围发束向内卷，表现轻盈蓬松感

前短后长的长波波头，几乎没有加入层次，保持发梢内卷状态。刘海比较长，采用中分的方法分开。

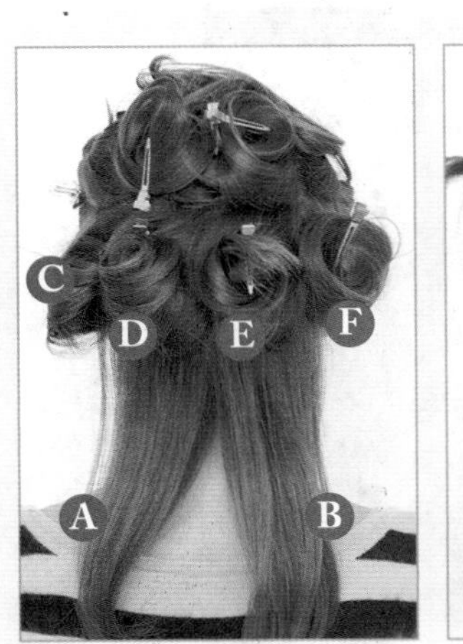

进行分区

将头发分为襟位处的ⒶⒷ区2束，中层的Ⓒ~Ⓕ区4束，侧面Ⓖ和另一侧。头顶分为Ⓗ~Ⓝ7束，分区要细致。

1 将ⒶⒷ区的发束向内卷

将ⒶⒷ区的发束向内卷。将卷发棒夹在发束中间，先滑动到发梢，然后再卷上来。

2 将ⒹⒺ区的发束向外卷

将位于中层内侧的ⒹⒺ区的发束向外卷。先将卷发棒夹在发束中间，滑动到发梢后，再向上卷。

3 将ⒸⒻ区的发束向内卷

位于中层外侧的ⒸⒻ区的发束向内卷。斜着拿卷发棒，夹到发束中间部分，向脸的方向卷。

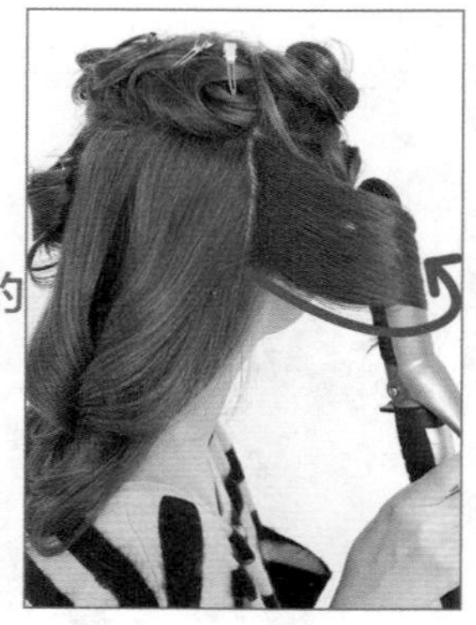

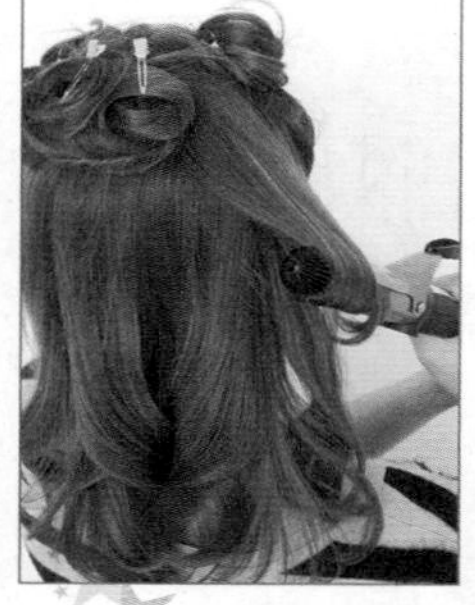

4 将ⒿⓀⓁ区的发束向外卷

在头顶处分的7束头发中，将正中央的ⒿⓀⓁ区的发束向外卷。夹在发束中央，滑动到发梢后，再向上卷。

5 将ⒾⓂ区的发束向内卷

在4中卷的发束旁边，将ⒾⓂ区的发束向内卷。将发束拉到脸两侧，手拿卷发棒的状态接近纵向。

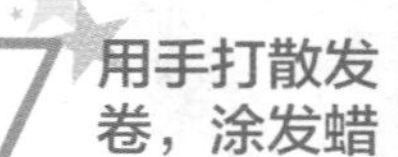

6 两侧的发束按照上下两层上卷

侧面下层Ⓖ的发束向外卷。另一侧的同样位置，也向外卷。而上层的ⒽⓃ都会滑动到脸周围，所以采用内卷法。

7 用手打散发卷，涂发蜡

整体卷完之后，用手指插到发束中，轻轻打散发束。然后给全部头发涂上发蜡，保持动感效果。

锁骨处不规则摇曳的发卷
为披散发型增添从容时尚印象

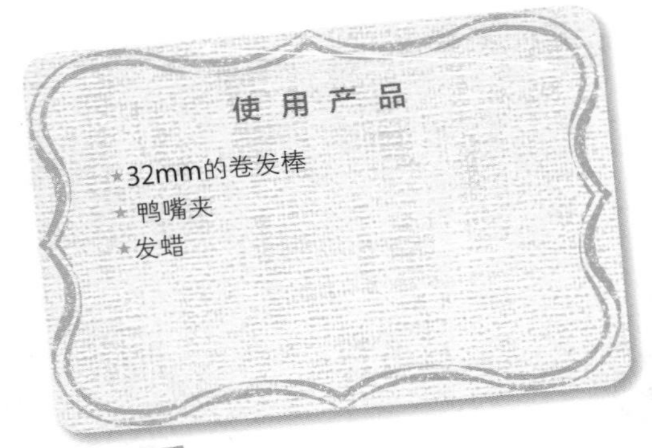

在脸周围打造内卷实现显脸小的效果

取细绺发束，从发梢开始卷出强力发卷，为发型增加发量感。在脸周围采用内卷法，做出包裹面部的发卷，还能实现显脸小的作用。

基础造型
BASE STYLE

小提示！ POINT!

❶取细绺发束，不规则的采用内外混合卷
❷将脸周围的发束向内卷，显得脸小
❸揉搓发蜡，为发型注入空气感

在脸两侧修剪出层次，变成了发梢自然内扣的轮廓。刘海长度盖过眼睛，修剪成斜向一边的刘海。

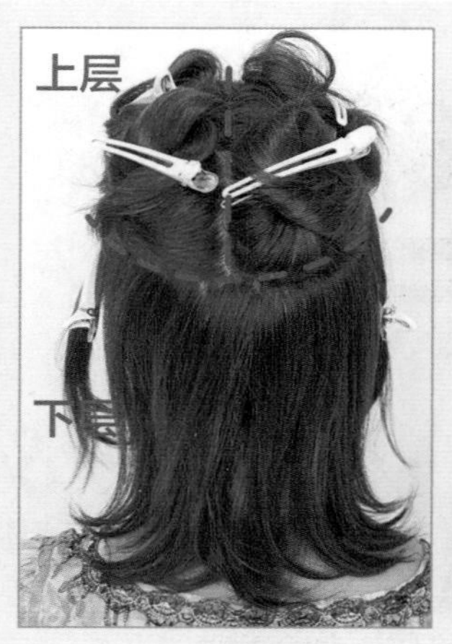

进行分区

后面的头发，以耳朵的高度为界限，大致分为上下两部分。侧面也分成上下两部分。一共有4个部分。

1 襟位处的头发向外卷

襟位处的头发向外卷。关键是每次卷发时都取细绺头发。一点一点地大概取少量发束，这样卷出来的头发外翘效果比较坚挺。

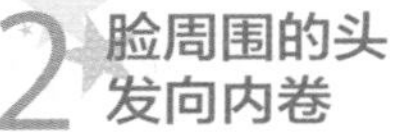

2 脸周围的头发向内卷

侧面下层的发束，要斜着拿卷发棒从发梢开始向内卷。做出包裹面部的发卷，显得脸更小。

3 头顶的头发要内&外混合着卷

头顶的头发要不规则的内外混合着卷。侧面的上方（脸周围）的发束向内卷，让整体发型更有节奏感。

4 揉搓涂抹发蜡

用手取适量发蜡，一边仿佛为头发注入空气感，一边向上托着揉搓涂抹发蜡。适当捏几处发梢，调整平衡。

精心考虑到发型的张弛度

空气感廓形，表现勇于争取的精神♡

SIDE & BACK

发型设计：Tierra
三笠龙哉

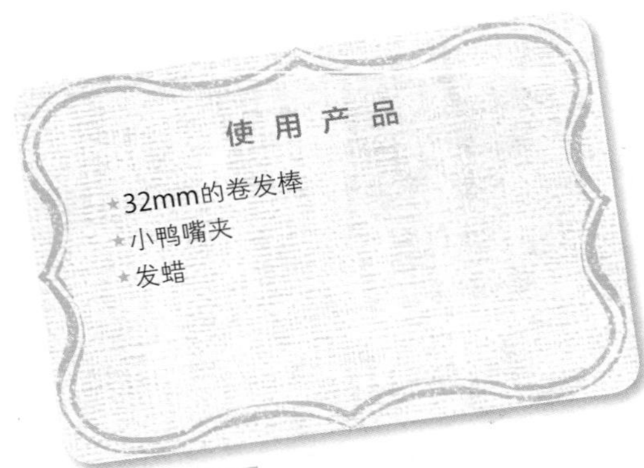

内部隐藏着外卷法 打造蓬松时尚的波波头

蓬松廓形的波波头，其实是巧妙运用了混合卷法的成果。襟位处的头发采用外卷法，就完成了底部体积感强的 A 字形波波头。现在流行的天然不矫情印象，唾手可得。

基础造型 BASE STYLE

长度到下巴的波波头。保留了整体廓形的厚重感，在内侧修剪出层次，让发梢更容易上卷。刘海长度到眼睛上方。

小提示！ POINT!

1. 襟位处的头发向外卷
2. 卷发梢，为发型底部增加体积感
3. 揉搓涂抹发蜡，为发型注入空气感

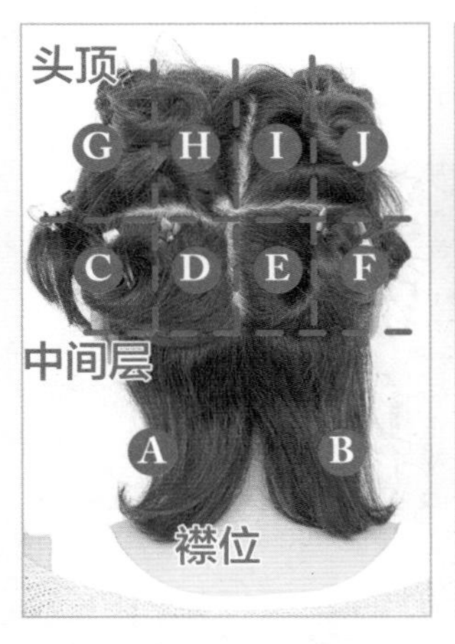

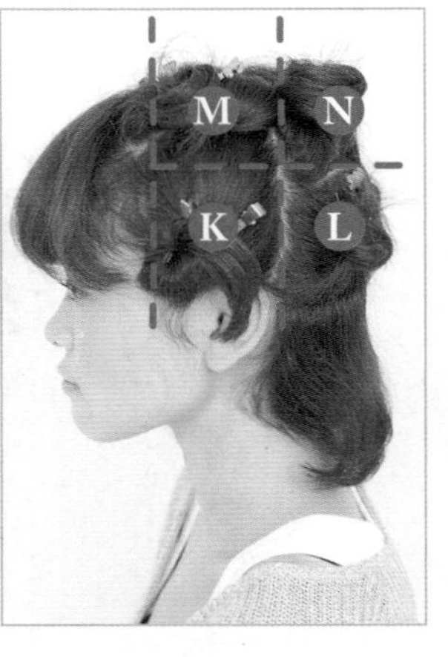

进行分区

将襟位处的头发分为ⒶⒷ束。将中层的 2 束再各分成 2 束。头顶分区与侧面保持一致。

1 将襟位处的ⒶⒷ发束向外卷

将襟位处的ⒶⒷ发束向外卷。襟位处的头发采用外卷法，是打造蓬松廓形的关键技巧。

2 中层采用内外混合卷法

中层的4束头发中，位于中央的ⒹⒺ要向内卷，外侧的ⒸⒻ要向外卷。较短的头发从发梢开始卷1圈半。

3 上层也采用内外混合卷法

和在2中卷的发束一样，将中央的ⒽⒾ向内卷，外侧的ⒼⒿ向外卷。斜着拿卷发棒。

4 两侧也采用内外混合卷法

侧面的下层Ⓚ和上层Ⓝ从发梢开始向外卷，下层的Ⓛ和上层的Ⓜ是从发梢开始向内卷。显得脸周围比较蓬松。

5 揉搓涂抹发蜡

取适量发蜡放在手上，从发束下方抓揉发束，仿佛给发束注入空气一样。用手指将发梢打散，增加慵懒印象。

用短波波头也能实现
看似未经刻意打造的天真蓬松印象

发型设计：Garland
榊原章哲

用直接卷到发根的纵向混合卷法，表现松散效果

因为这款发型的特点是保持不刻意的感觉，所以干脆不用分区也可以。采用内外混合卷法，纵向卷到发根，表现的发卷效果不会太明显，实现适度松散的波浪效果。

小提示！ POINT!

❶ 干脆不分区，直接开始卷

❷ 用纵向卷法，充分地从发梢卷到发根

❸ 卷完后，用手梳理打散发卷

长度到锁骨的中长发，头发层次修剪得比较低。刘海超过眼睛，按 8:2 分，给人成熟感。

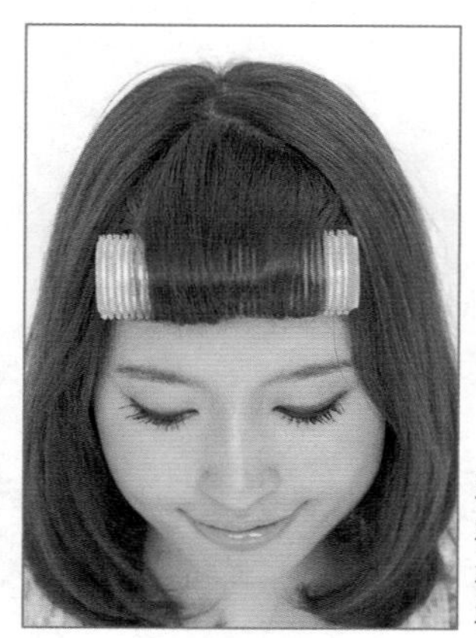

1 用自粘卷发筒卷上刘海

在头发的中间到发梢的部分涂抹基础护发水。在开始用卷发棒之前，先用自粘魔术卷发筒将刘海向内卷。

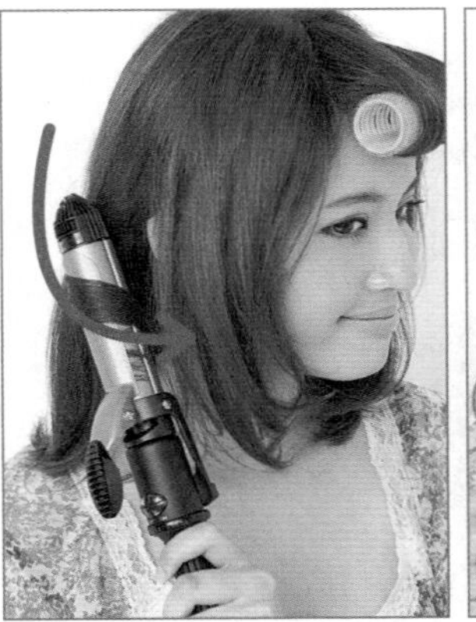

2 采用不规则的混合卷法

在表面 & 襟位处的头发，取是适量发束，不规则地采用内卷法和外卷法。从发梢一直卷到发根，纵向上卷。如此反复操作。

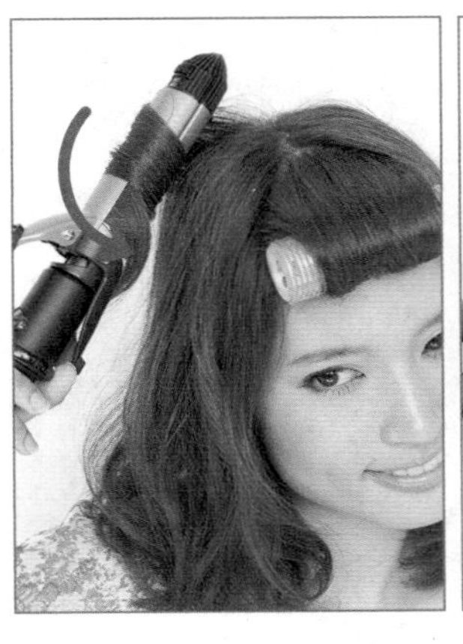

3 头顶的头发也采用内外混合卷法

头顶部分也大致取适量发束，交叉使用内卷法和外卷法。照着镜子，一边调整整体平衡，一边上卷的话，效果好。

4 脸周围的头发采用内卷法

脸周围的发束一定要采用内卷法。头发适当遮盖面部，具有显脸小的效果。从发梢到发根，纵向上卷。

5 打散发卷

为了让发型比较慵懒，需要打散发卷。用手整体反复梳理头发，轻轻拉扯发束。

6 揉搓涂抹发蜡

在手上取适量发蜡，充分揉搓均匀之后，从下向上托着头发似地涂抹发蜡。提升蓬松效果。

适度的蓬松凌乱效果
完美呈现没有防备的时尚波浪发型

发型设计：Tierra
三笠龙哉

利用发卷相互重合展现多种多样的表情

将襟位处的头发全部采用平卷法，能让下摆部分显得蓬松，给人成熟华丽的印象。头顶造型的关键是，取细绺发束，一边向上提着一边卷。能消除发束感，增加空气感。

使用产品

- 32mm的卷发棒
- 自粘魔术卷发筒（大号×2）
- 鸭嘴夹
- 飘逸喷雾

小提示！POINT!

1. 襟位处的头发采用平卷法，增强体积感
2. 头顶的头发一边向上提着一边卷
3. 脸周围的头发向外卷，显得成熟&华丽

因为从锁骨位置开始修剪出层次，所以虽然是长头发，但打造卷发时也不会显得过于厚重。刘海长度修剪到眉眼之间。

进行分区

使用2个自粘魔术卷发筒，给刘海上卷。襟位处头发分成5束，剩下的分为中间层和头顶部分。

1 襟位处的头发向内卷

襟位处的头发从发梢开始向内卷，向上卷1圈半。此时采用平卷法，能提升发量感。

2 中间层采用内 & 外混合卷法

中间层的头发，取细绺发束，不规则地采用内外混合卷法。先夹在发束中央，滑动到发梢后，再向上卷。

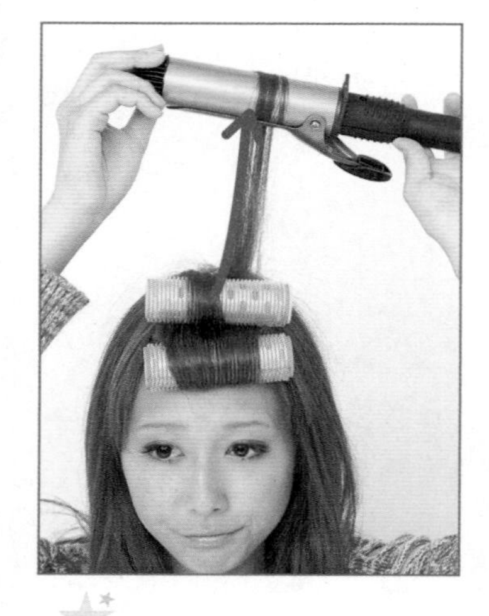

3 提起头顶的发束

取细绺发束，一边向上提着一边采用不规则的内外混合卷法。就能做出蓬松轻快的波浪效果。

4 脸周围的头发向外卷

脸周围的头发向外卷，做出流向后方的卷发效果。用发蜡涂抹到从发梢到中央的部分，表现出轻快波浪曲线。

不规则走向的波浪卷发
最大限度地焕发出女人味

发型设计：apish jeno
堀江昌树

关注用卷发棒打造的波浪卷发

这里介绍的波浪卷发，不是用卷发棒卷出来的，而是一个发卷一个发卷压出来的。向内侧→向外侧交替压出弯曲弧度，就形成了波浪般的弯曲效果，存在感非常强!

基础造型 BASE STYLE

长度到锁骨的 A 字形中长发，在发梢修剪出了层次。刘海长度到眼睛上方，剪得比较厚，所以这里也需要用卷发棒烫一下。

小提示！ POINT!

1. 襟位处的头发向内卷，适度收敛发型的体积感
2. 中间层 & 头顶 & 两侧采用波浪式卷法
3. 最后打散发束，表现出慵懒松散印象

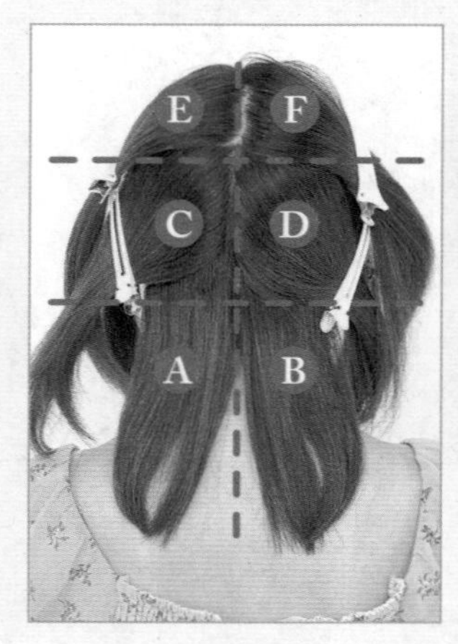

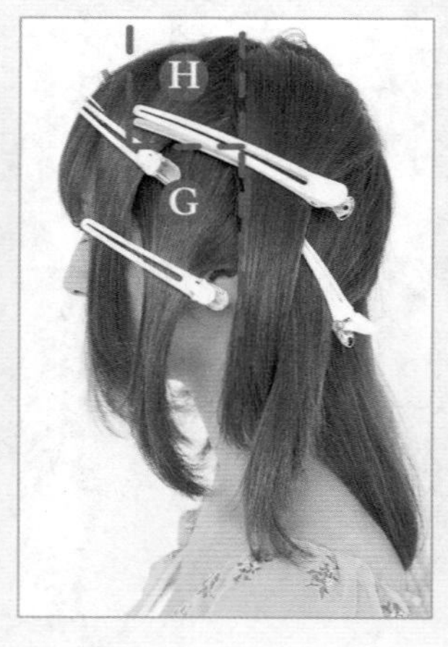

进行分区

将头发整体分为襟位、中间层、头顶三层之后，再各分成 2 束。侧面的头发要按照上下位置分。

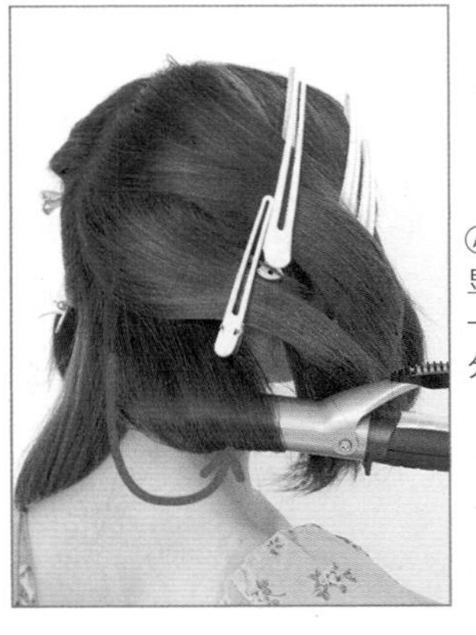

1 襟位处的头发向内卷

将襟位处的头发ⒶⒷ分别向内卷，避免显得发量太厚。从发梢一直卷到发根附近，充分上卷。

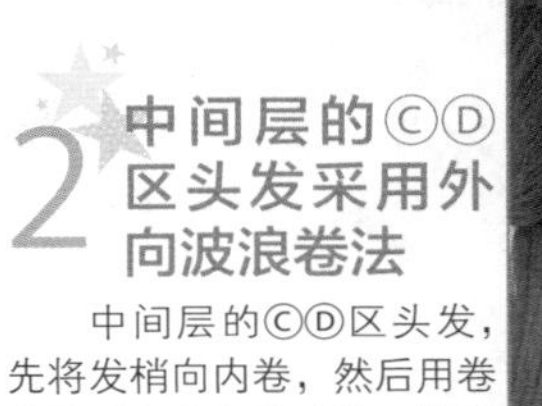

2 中间层的ⒸⒹ区头发采用外向波浪卷法

中间层的ⒸⒹ区头发，先将发梢向内卷，然后用卷发棒反方向夹住头发，将发束的中间部分向外侧压，形成“外向波浪卷”。压3秒即可。

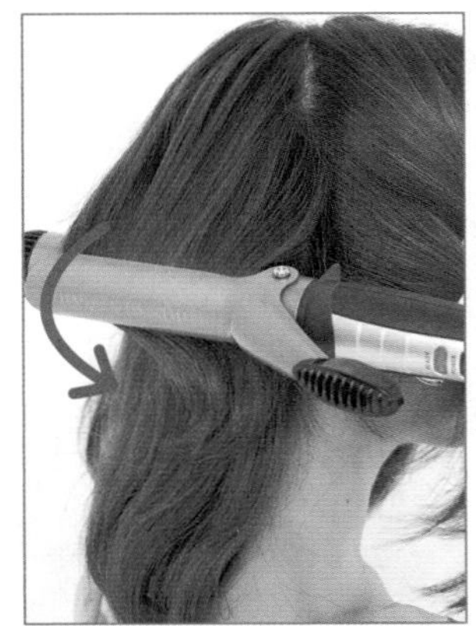

3 头顶的ⒺⒻ区头发采用内向波浪卷法

头顶的ⒺⒻ区头发，先将发梢向外卷。然后改变方向，将发束的中间部分向内侧夹，形成“内向波浪卷”，做出波浪一样的弯曲效果。

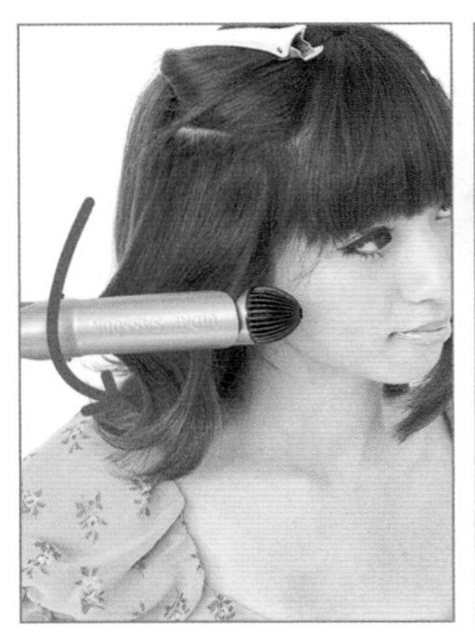

4 侧面也用外&内结合波浪卷法

侧面的下层Ⓖ区头发做出外向波浪卷，上层的Ⓗ区头发做出内向波浪卷。分别在发束的中间部分做出与最初发梢卷的方向相反的发卷。

5 涂抹发蜡，增加蓬松感

将发蜡揉搓在发梢上，一边打散发束，一边用手梳理，形成蓬松的廓形。让发梢有俏皮动感效果。

用波浪起伏的强力发卷重现卷发的魅力！

发型设计：yu-ki

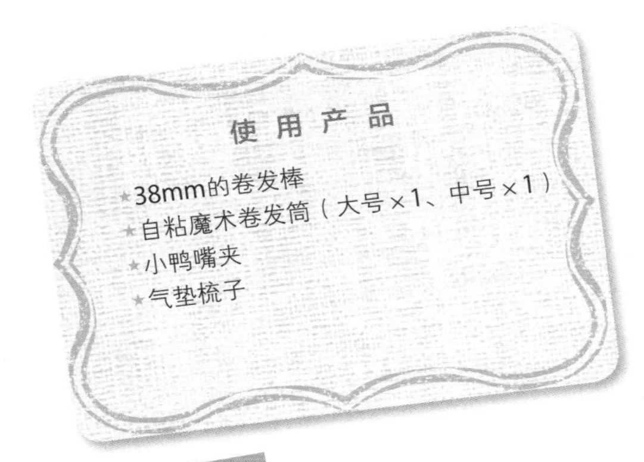

在头顶采用内卷法塑造出优雅的A字线条

如果想要有女性魅力的话，就采用混合卷法，打造成 A 字线条的长发发型。如果头顶都采用内卷法的话，就能让整个廓形流畅地垂下，彰显卷发的优雅气质。

基础造型 BASE STYLE

长度到胸前的直长发，从锁骨的位置开始修剪出层次。刘海是齐眉长度的齐刘海，给人可爱印象。

小提示！ POINT!

1. 用较粗的卷发棒，从中间插入滑动到发梢后上卷
2. 头顶部分全部采用内卷法
3. 使用梳子梳理，避免发卷过于散开

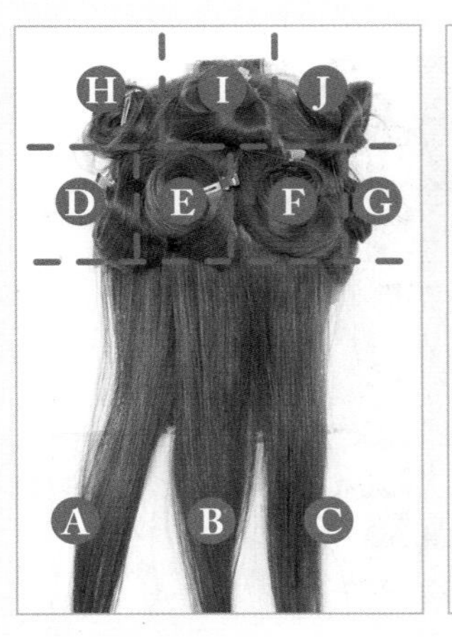

进行分区

事先用大号和中号的自粘魔术卷发筒将刘海卷起来。襟位处的头发分成 3 束，中间层分为 4 束、头顶分为 3 束，头两侧部分的头发分为上下 2 层。

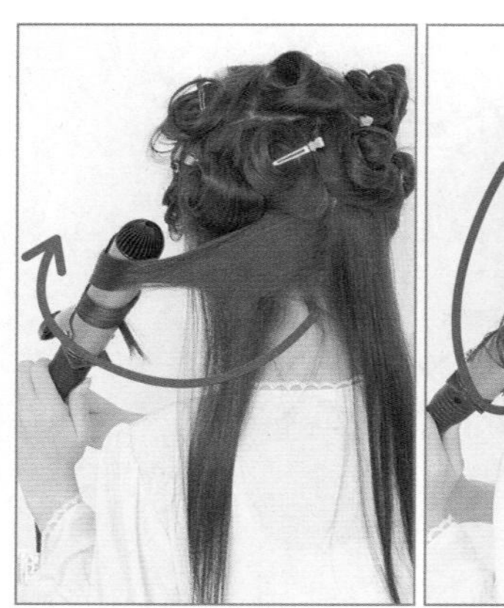
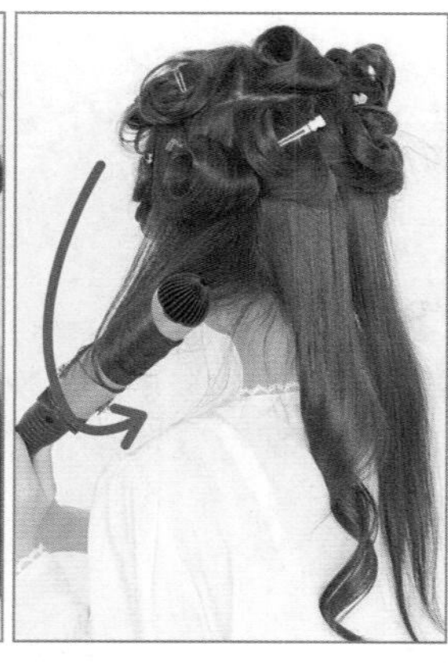

1 襟位处的头发采用内＆外混合卷法

襟位处的ⒶⒸ向内卷，Ⓑ向外卷。此时，从发束中间插入卷发棒，滑动到发梢后再向上卷，能提亮光泽。

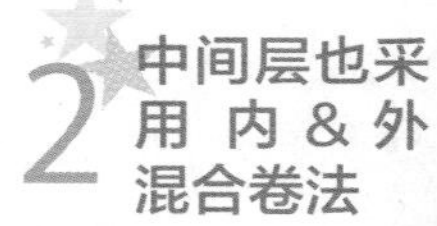

2 中间层也采用内＆外混合卷法

中间层的内侧ⒺⒻ区发束，从发束中间插入卷发棒滑动到发梢后向内卷；外侧ⒹⒼ区发束，从发束中间插入卷发棒滑动到发梢后向外卷。连同发梢也卷进去。

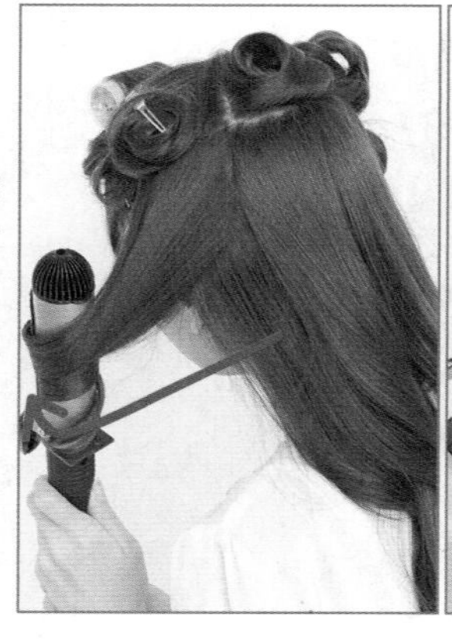

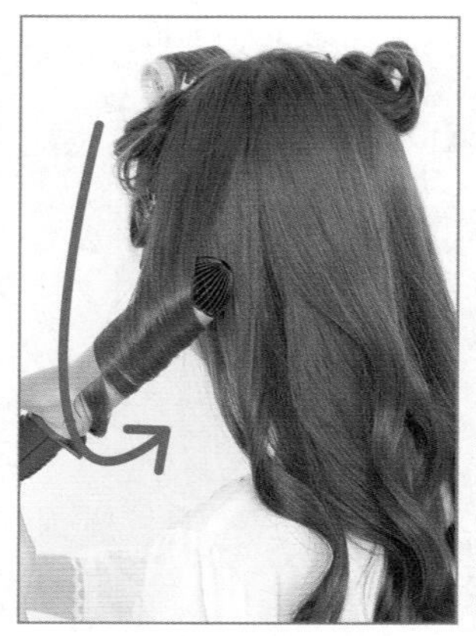

3 头顶的头发向内卷

头顶ⒽⒾⒿ区的发束向内卷。让卷发棒从发束中间滑动到发梢后，再卷到中间位置。斜着拿卷发棒。

4 两侧采用内＆外混合卷法

侧面的头发下层Ⓚ区发束向内卷，上层Ⓛ区的发束向外卷。另一侧也同样。用梳子轻轻梳理头发表面，打散发束。

仿佛波浪倾泻而下的A字线条
营造出优雅美人长发发型
侧面
背面
SIDE &
BACK
发型设计：HOULe
eriko
卷发前的准备
内卷法
外卷法
混合卷法
波浪卷
预热卷发筒
Q&A

谜人的丰盈大卷
让人为之倾心

在下巴下方修剪出层次，用卷发棒不规则地烫内卷和外卷混合发卷，增加迷人的魅力，避免过于夸张，发色可以近柔和的奶茶色大胆的波浪和略短的刘海。

发型师：MINX harajuku
池户裕二

共同演绎出
阳光少女气质

多层次的中长发，刘海到眉毛上方。打理时，用 32mm 的卷发棒向内和向外不规则卷发，形成略显慵懒而大胆并且给人天真无邪的印象。

发型师：DaB dalkanyama
新井久美子

想要卷发的柔和质感，建议用粗卷发棒纵向向内向外交替卷发，打造出波浪效果再涂上发蜡，打散发束即可。

发型师：CARE AOYAMA
高安亮介

修剪发梢，为避免发梢过于厚重，只需在表面稍微剪出层次即可，粗略地用卷发棒混合上卷，就能表现出轻快的空气感，立即显得成熟迷人。

造型师：L.O.G by U-REALM
唐泽宽司

还能用作造型前的基础发型
掌握最新的时尚波浪卷发

发型设计：apish jeno
小矶由香

最近，专业的发型化妆师、美容师、读者模特们都陆续开始打造波浪卷发了。使用直发板夹住发束内外交替加压的方法，就能呈现出波浪般的弯曲效果！而且，在做造型之前，先将头发做出波浪卷发，也是现在非常流行的方法哦♡。

悠缓波浪卷发波波头给人优雅可爱印象

并不太长的波波头如果用常规方法烫成细绺的波浪卷发，容易下摆太厚，整体并不协调。将一束头发依次向内→外→内方向压出弧度，形成悠缓的波浪效果，就能保持优雅的波浪卷发效果。

小提示！ POINT!

1. 略大的波浪纹路，带来优雅可爱印象
2. 最后向内侧压，让发梢向内收
3. 通过造型调整，避免侧点位置太突出

基础造型 BASE STYLE

基础发型是长度到肩膀的波波头。层次比较少，为了让发梢略有动感印象，适当打薄了发梢。刘海长度刚好盖住眉毛。

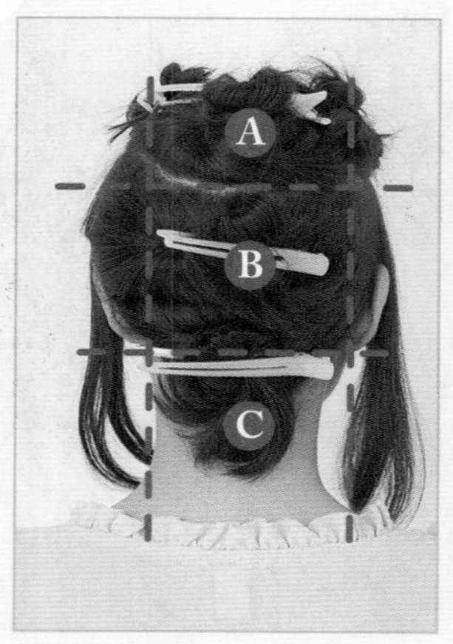

进行分区

侧面分为2层，后面分为3层。将襟位处的头发用鸭嘴夹固定，也能做出适度卷曲的效果。

1 将Ⓓ的发根处向内侧压

用直发板夹在Ⓓ的发根附近，向内侧压出弧度。不要滑动，而是翻转手腕给发束加压。

2 下一截就向外压

将直发板移动到下面一截，向外侧压出弧度。按照这个要领，做出有峰有谷的波浪效果。

3 将发梢向内卷

将直发板再下移一截，将这部分的发梢向内侧压。Ⓔ区的发束也同样用内→外→内的方式，压出波浪。

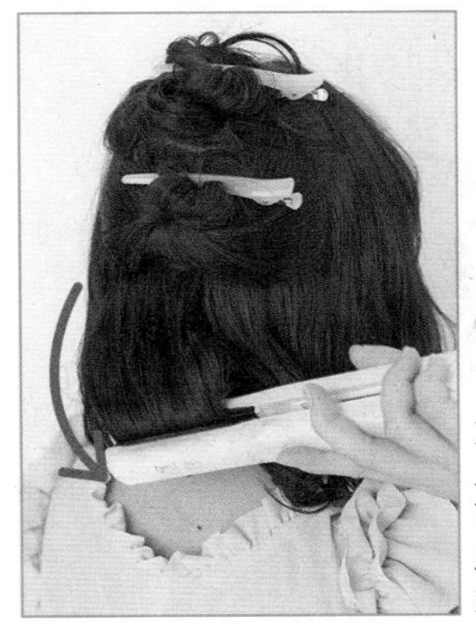

4 将Ⓒ区发束向内卷

襟位处的Ⓒ区发束，用直发板统统夹上，将发梢向内卷。表面的ⒷⒶ区发束分别分成2次，打造出波浪效果。

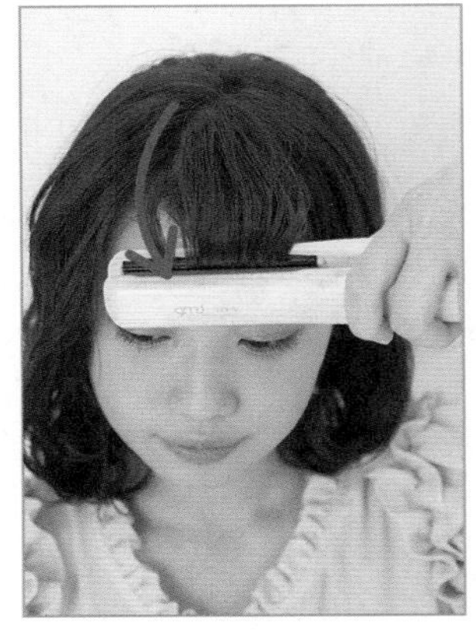

5 刘海也向内卷一下

刘海也用直发板夹一下。将发梢向内压，然后撤掉直发板，形成自然内卷的效果。

6 用发蜡调整发型

从下向上托起发梢似的，将发蜡涂抹在头发上。侧点位置要注意适当下压，将一侧头发别在耳朵后面。

别在耳后的不对称感和波浪卷发联手

让波波头展现出前所未有的新鲜感

SIDE & BACK

侧面

背面

发梢的凌乱游戏
适合干练时尚的女孩

如果采用发梢外翘的波浪卷法，就能表现出适度凌乱俏皮的感觉，具有现在流行的自然风格。最后，从侧面拿细绺发束，再用卷发棒卷一次，彰显自然率性的印象。

小提示！ POINT!

1. 为了让发梢外翘，采用波浪卷法
2. 最后添加不规则的波浪卷，提升自然率性印象
3. 给刘海的发梢上卷，让整体更协调

多层次的中长发，长度刚过锁骨。因为发梢比较轻快，所以卷头发时，容易表现出动感印象。刘海长度刚好盖过眼睛。

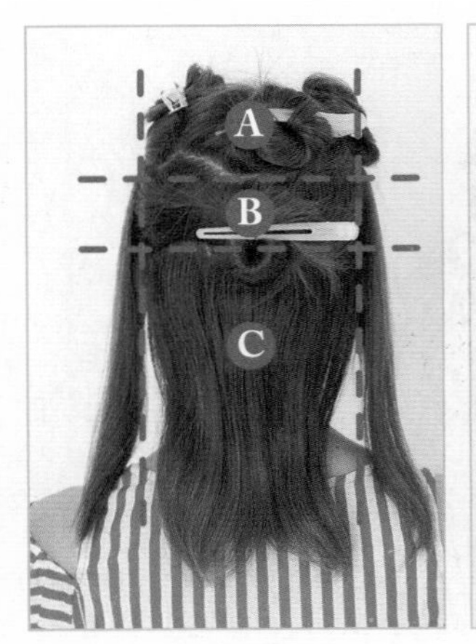

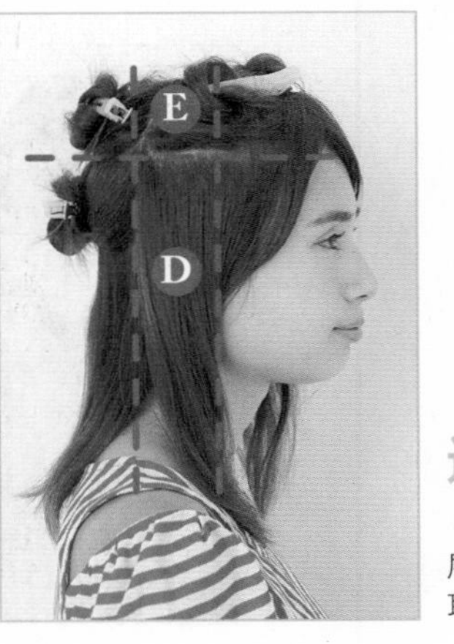

进行分区

侧面分成2层，后面分成3层。最后照顾整体平衡，在侧面取几细绺发束，烫出波浪发卷。

1 从ⓓ开始卷波浪卷

从ⓓ区开始卷发。用直发板夹住发根附近，向内侧烫出弯曲弧度。翻转手腕，向内旋转直发板。

2 将下面一截向外卷

将直发板移动到下面一截，向外侧烫出弯曲弧度。这样向内→外→内，连续烫出波浪效果。

3 将发梢烫出外翘效果

为了让发梢一定外翘，关键是要一边调整卷的位置，一边烫出波浪卷。让发梢外翘，强调微微凌乱的感觉。

4 按照ⓒⓑⓐ的顺序，依次烫波浪卷

将侧面的ⓔ区烫完波浪卷之后，后面按照ⓒⓑⓐ的顺序，依次烫波浪卷。将ⓒⓑⓐ区各分为 2 束头发，分别烫卷。

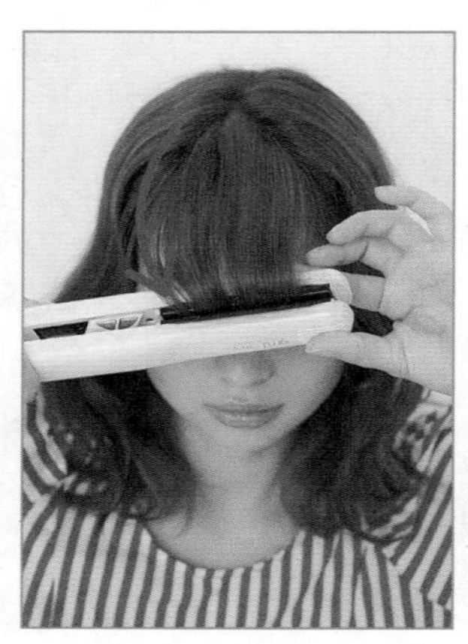

5 将刘海的发梢向内卷

将直发板滑动到刘海后，以将发梢向内折叠似地烫出发卷。用手指整理刘海，做成中分发型。

6 抓发丝，涂抹发蜡

从侧面取细绺的发束，添加不规则的波浪发卷。最后在手指上涂抹发蜡，抓揉似地涂抹在整体发梢上。

像美国洛杉矶沙滩女孩一样
开朗奔放的印象，只有波浪卷发才能实现！
背面
侧面
SIDE &
BACK

玩转质感的波浪卷发今年时尚感满分

使用让头发显得光滑和半湿润的发蜡，巧妙玩转发丝质感，给人新鲜印象。卷的时候注意让头发向后面倾斜，就能形成菱形廓形，还具有显脸小的效果。

长度到胸部上方的长发，从肩膀以下开始增加了层次，显得发梢轻盈。刘海向侧面倾斜，与头发的层次衔接，容易打理出斜向发卷。

小提示！ POINT!

1. 脸两侧的头发用直发板向后翻转
2. 让发梢烫出内·外不规则的朝向
3. 使用发蜡，让头发有半湿润的质感

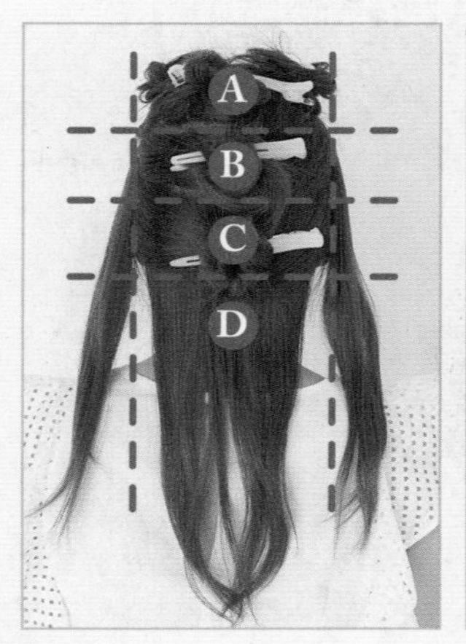

进行分区

侧面分成 2 层，后面分成 4 层。长头发的波浪卷发，如果分区细致的话，完成效果会非常出众。

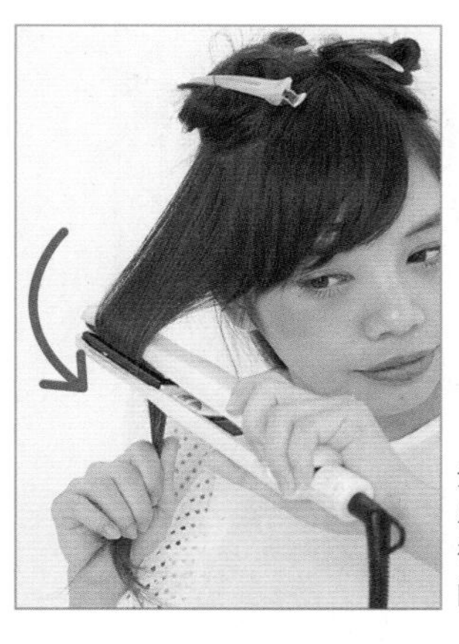

1 从Ⓔ区向内卷

从Ⓔ区发束的中间开始做波浪卷。如果从发根开始烫卷的话，显得发量太厚，所以从中间开始向内侧弯折。

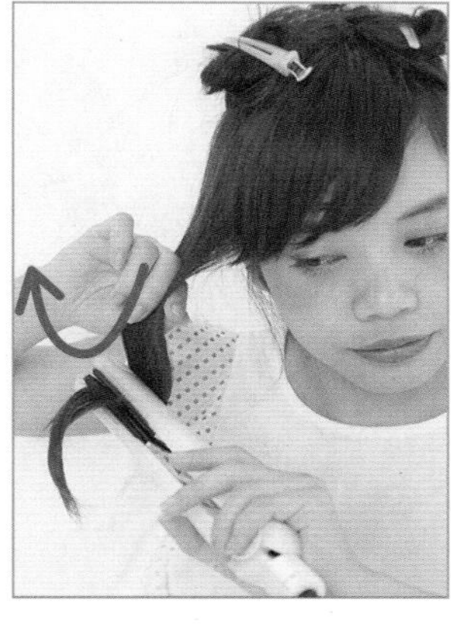

2 下一截向外卷

将直发板向下移动一截，好像翻转手腕似的，将发束向外弯折。按照这个要领，内→外交替操作。

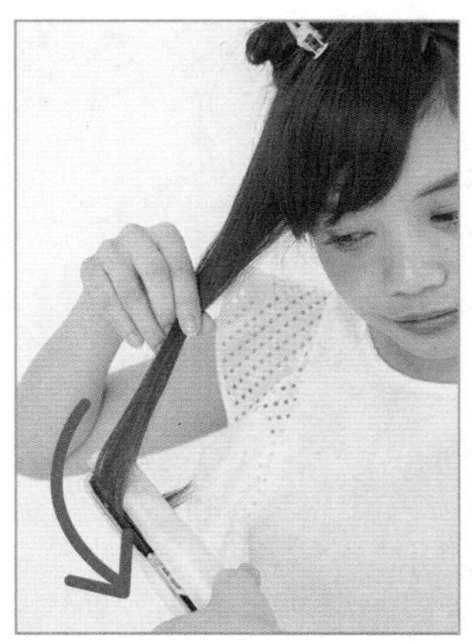

3 不规则地给发梢上卷

无论将发梢向内还是向外弯折都OK。不规则的发卷，表现出自然不刻意的印象。Ⓕ区的发束也一样烫出波浪发卷。

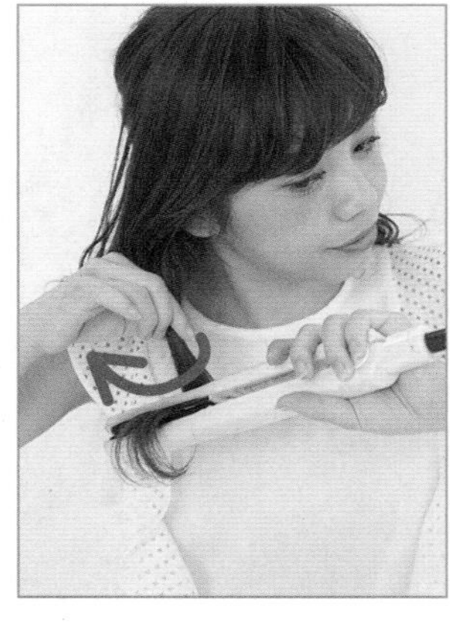

4 襟位处的Ⓓ区头发拿到前面再烫卷

将襟位处的Ⓓ区头发分成两份，拿到身体前方，内→外交替烫卷。将直发板拿到面前夹头发。

5 脸两侧的头发向后方翻转

将Ⓓ区和两侧的头发向后烫完后，后面的头发按照ⒸⒷⒶ区的顺序依次上卷。脸周围的Ⓕ区头发分成2次，用直发板向后方翻转着上卷。

6 用发蜡打造半湿润的质感

将能给头发带来光泽的发蜡，放在手掌心，充分揉搓融化。从发梢到中间部分抓头发，带来半湿润的质感。

蓬松的波浪卷发×半湿润的质感

打造甜美和英气结合的波浪卷发

SIDE & BACK

一开始卷好头发的话
会大大提升时尚感

波浪卷发打理法

如果一开始将头发烫出波浪卷的话，发丝容易聚拢，打理起来也变得非常轻松。最后完成效果也会大大增强时尚感。以前面介绍的波浪卷发为基础，我们一起来挑战一下更多打理方法吧！

甜美的盘发造型
弯曲卷发增加了性感

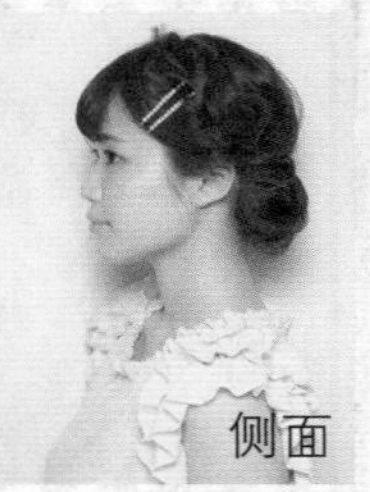

侧面

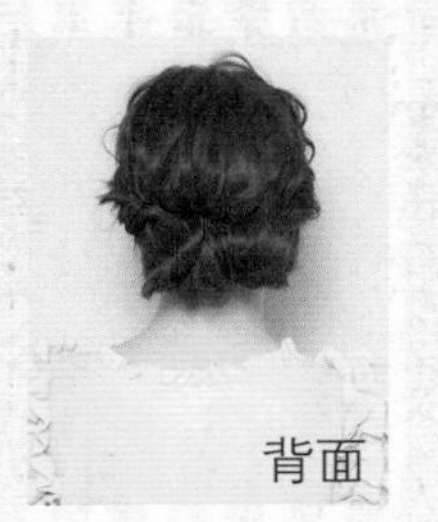

背面

用波波头的波浪卷发完成！

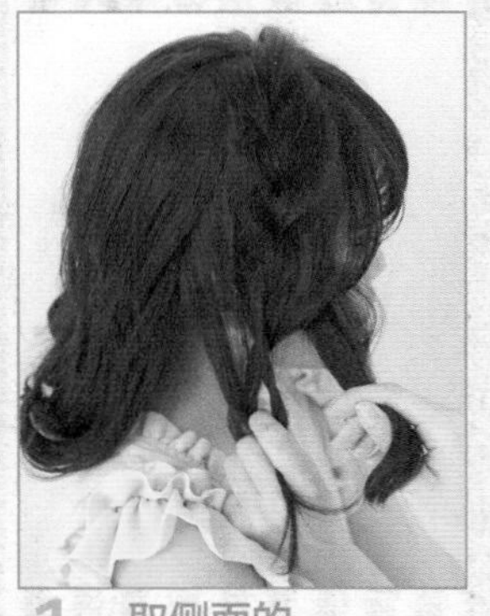

1 取侧面的头发编起来

将侧面的头发与其他部分分开。从耳朵上方开始编，到耳朵下方编成三股辫。拿着发梢，将编的部分稍微拉松一些。

2 将两条三股辫系在一起

另一侧也编起来，最后形成三股辫。从后面将两个发辫合二为一，用细橡皮筋绑住发梢。

3 将襟位处的头发分成3束，分别插入

将襟位处的头发分成3束。将其分别从2中合二为一的发辫上方插入内部。用发卡从内部固定发梢。

休闲风格和正式场合都能应对自如

掌握了波浪卷发&半盘发

正面

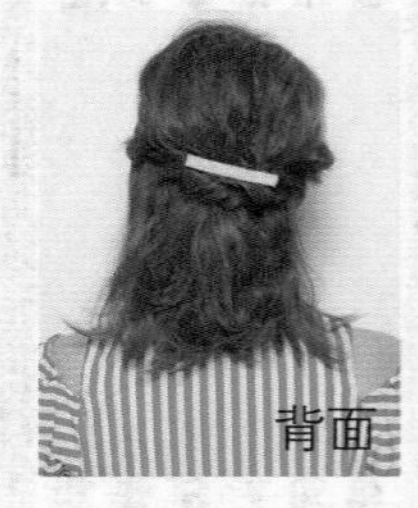
背面

用中长的波浪卷发完成！

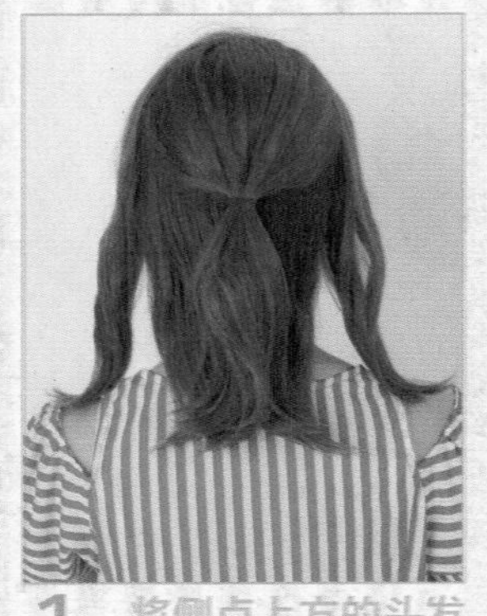

1 将侧点上方的头发在后面扎成1束

散开侧面、后面的头发，将表面位于侧点上方的头发用手梳理到一起，在后面扎成1束。这是这个发型的基础。

2 将耳朵前方的发束拧转，用发卡固定

两侧都将耳朵前方的发束拉向后方，拧转成略硬的发束。两束头发交叉着搭在1的基础发束上。分别用发卡固定发梢。

3 将上方的头发稍微拉出一些

捏着头顶的发束，稍微拉出一些。大概拉3~4处，增加上方高度。最后戴上头饰发卡。

运用连续自体翻转的方法，时尚精致的发型也能变得很简单！

侧面

背面

用长发的波浪卷发完成！

1 分成2次，打成1个结

将侧点上方的头发聚拢到一起，在后面扎成1束。耳朵前方的头发也聚拢到一起，用橡皮筋在中间扎起来。正如照片所示的状态。

2 插入到下方的发束中

一只手拿着1中扎的上方的发束，将发梢从下方扎的那一个发束之间穿过。

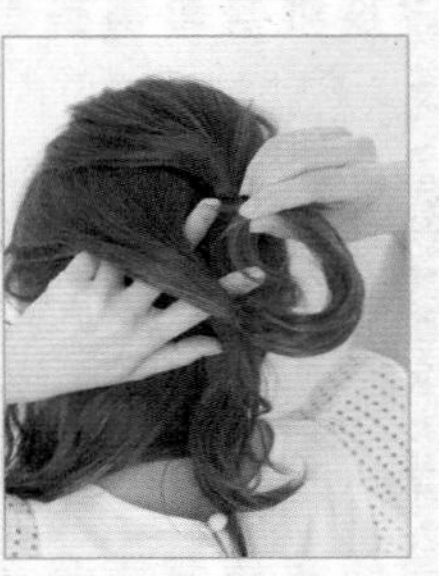

3 将下面一层自体翻转

下面扎成那1束的发束，绕着橡皮筋自体翻转。用手指从下方打开一个孔，用另一只手将发梢从上方穿过。

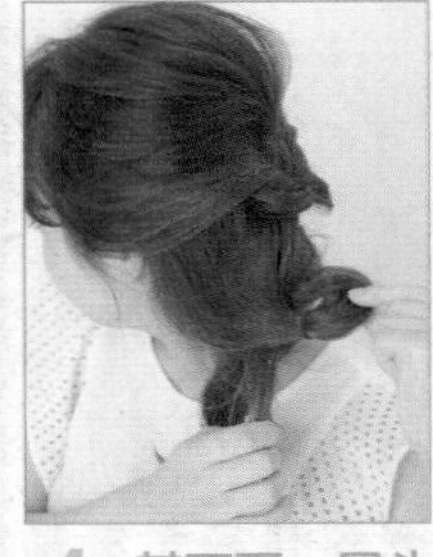

4 其下面一层头发也自体翻转

最下方的头发也重复2、3的顺序，这样连续进行自体翻转。使整体发束稍微偏向左侧。这是打造的重点。

波浪卷发的变化 VARIATION

和用卷发器烫出的螺旋卷发不同，波浪卷发的魅力在于能表现出蜿蜒曲折的波浪效果。在这里总结了从悠缓到强劲的不同卷曲度变化！在你卷头发的时候，参考一下吧。

向外国人的自来卷一样强劲的波浪卷发很新颖！

用直发板从发根到发梢，内→外交互压出弯曲弧度。表面和内侧头发分 2 次进行，重叠后的波浪卷发表情更加丰富。能随心所欲地表现出外国人自来卷的效果。

发型设计：apish jeno
小矶由香

用缓缓的波浪发卷 打造出半湿润的质感

背面

侧面

统一长度的 A 字形长发，只在脸周围修剪了层次。用 32mm 的直发板，从发梢开始内→外交替压出波浪发卷。最后用发蜡做出湿润的感觉，呈现出有光泽感的波浪效果。

发型设计：MELLOW
石桥美香

在清晰的波浪卷发上倒梳头发 表现出蓬松的空气感

用略细的 25mm 卷发棒，将发束做出较细的波浪卷发，这是打造清晰波浪卷发的关键。涂上发蜡后，用梳子倒着轻轻地梳理，强调蓬松感。

卷刘海&发梢，让波波

蓬松圆润的廓形
立即增强了女孩魅力

样式 1

内卷刘海

发梢整齐的刘海，只需要将发梢夹出圆润的发卷，就能增加自然印象和女孩味道。

吹头发时用手指拨弄着分缝处

刘海容易分开的话，在发根处用护发水彻底浸湿。用手适当拽着头发，用吹风机吹干，改变头发习惯走向。

与黑眼球宽度齐平的刘海向内卷出弧度

使用 32mm 的卷发棒。不要一下子就卷烫到位，取与黑眼球宽度齐平的刘海，用卷发棒夹住发根，向发梢滑动。

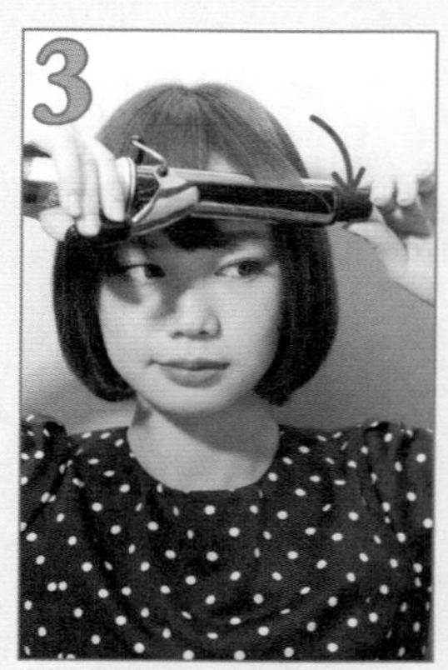

然后在两端的发梢卷出发卷

在 2 卷过的头发左右位置，也卷一下。和 2 一样，用卷发棒夹住发根，向发梢滑动，让发梢向内卷。

头有 6 种变化

人们通常认为波波头很难改变印象，其实用卷发棒就能让印象大不同！掌握刘海 & 发梢卷发法，波波头也能有很多变化哦！

柔顺光滑的刘海
无论在什么场合，好感度都很高

样式 2

三七分斜刘海

清纯印象的三七分斜刘海，是很经典的发型。从分缝的位置露出肌肤，显得脸色健康，性格开朗。

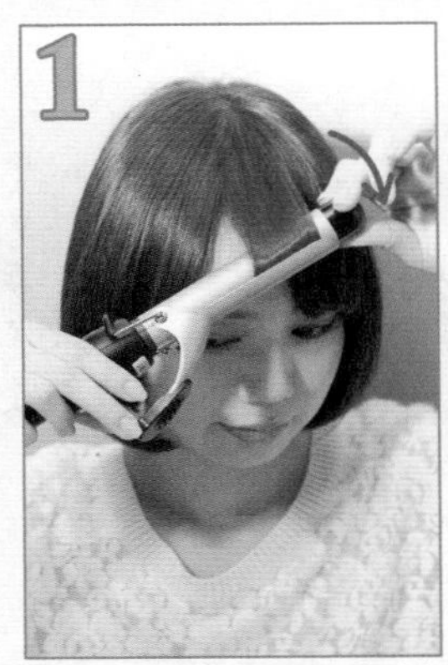

将与黑眼球距离等宽的刘海斜着烫卷

使用 26mm 的卷发棒。决定了分缝位置后，在发量多的一侧取与黑眼球距离等宽的刘海，从发根滑动到发梢。在发梢位置保持 3 秒，使发卷成型。

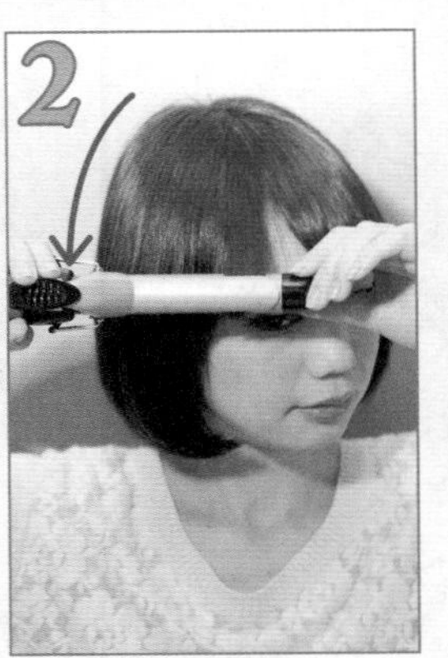

将剩余的刘海轻轻烫卷即可

剩余的刘海部分，轻轻烫卷即可。拿着卷发棒，与地面平行，从发根向下滑动到发梢后就撤掉。

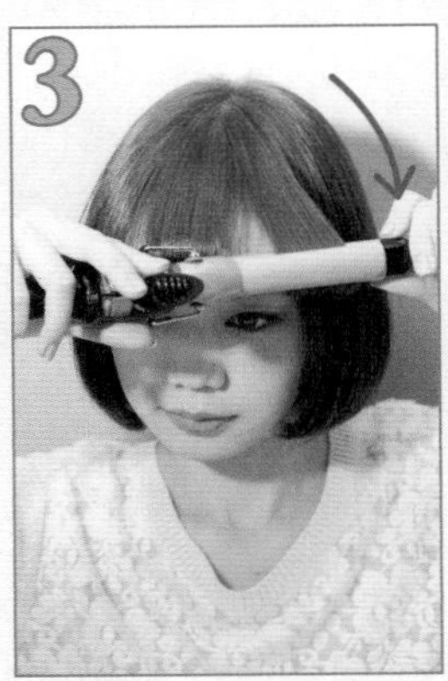

两端的头发也卷一下

两端的发束也轻轻卷一下。用卷发棒从发根滑动到发梢，然后用手梳理，调整整体平衡。喷硬性定型喷雾，保持头发走向。

样式 3

立体韵味刘海

看似需要技巧的立体发卷，其实只要用较细的卷发棒细细地烫卷即可。发量少的直发女孩也很适合！

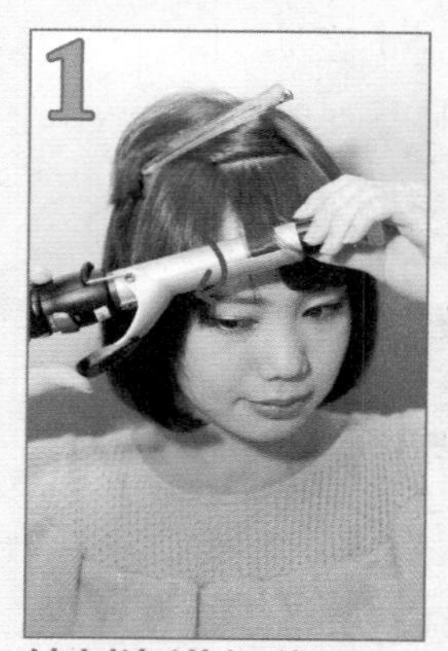

给刘海进行分区

使用 26mm 的卷发棒。将刘海分为表面和内侧两部分，暂时将上方的头发固定。内侧的头发逐次取少量发束，一一烫卷。

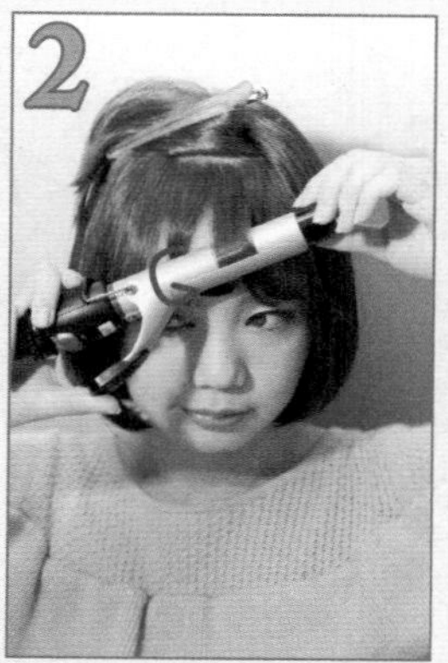

关键是发卷要小而清晰

因为想要发梢的发卷清晰，所以保持 3 秒之后再撤离。将发束分为小绺卷到卷发棒上，就能做出立体廓形。

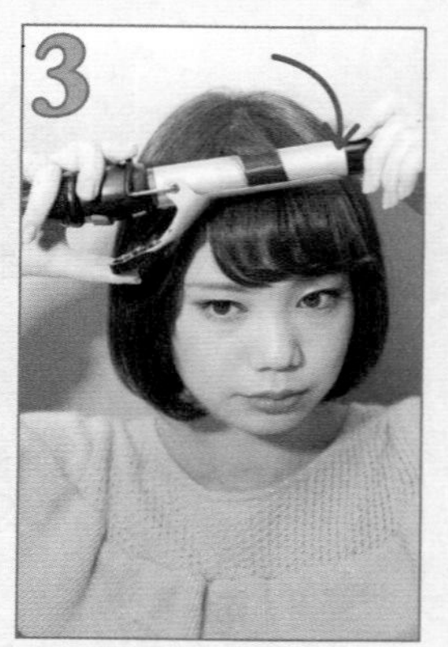

表面的刘海轻轻向内卷

烫卷表面的刘海。让表面的发卷比内侧稍微松散一些。夹住发根，将卷发棒向上提着滑动到发梢。

用有光泽的单卷发型 让你晋升好女人的形象

样式 4

内卷发梢

休闲风、优雅风、成熟感的服装，适合所有风格的万能发型。还能表现出优质的光泽感。

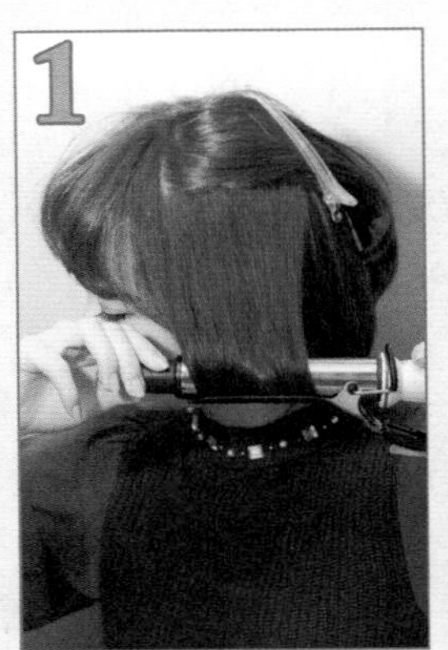

进行分区，将内侧的头发向内卷

使用 32mm 的卷发棒。将卷发棒从发根滑动到发梢后，将发梢向内卷 1 圈。襟位处的短头发会被盖住，所以不卷也 OK。

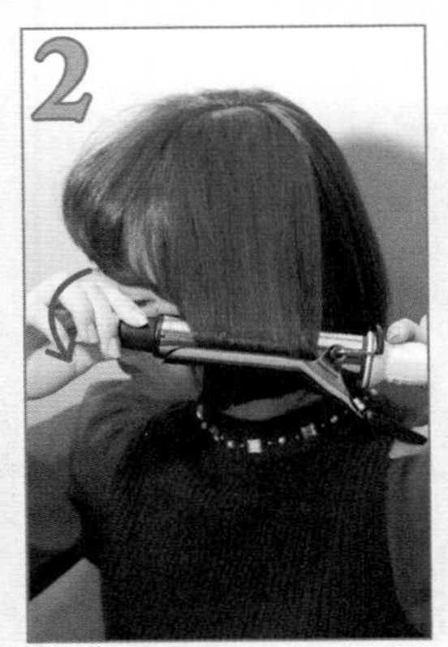

表面的头发也向内卷

之前暂时固定的表面头发，也同样向内卷。卷表面的头发时，一边用卷发棒稍微提起一边卷，能增加蓬松感。

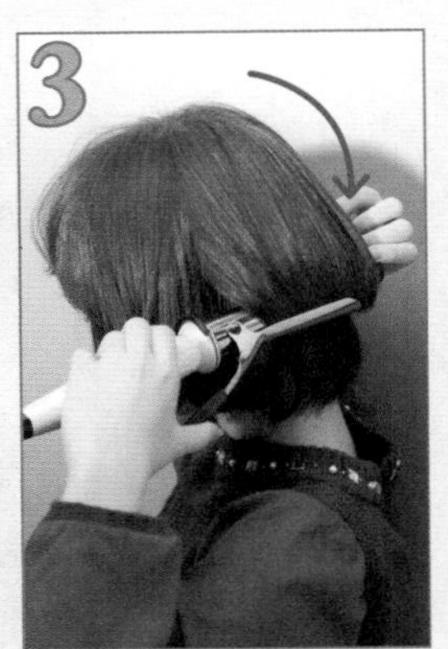

将后面表面的头发烫卷

后面的头发，只要用卷发棒夹住发梢向内卷即可。最后涂抹发蜡，保持蓬松度和自然内扣的效果。

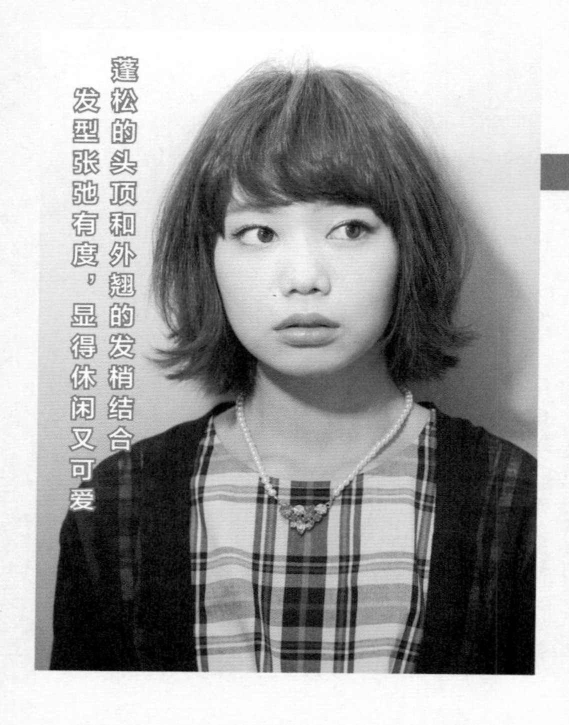

蓬松的头顶和外翘的发梢结合
发型张弛有度，显得休闲又可爱

样式 5

自然外翘发梢

发梢外翘的话，能显得休闲感强。蓄发的时候，长度到肩膀的发型通常容易发梢外翘，可以用这个样式作为混淆视听的发型，非常方便！

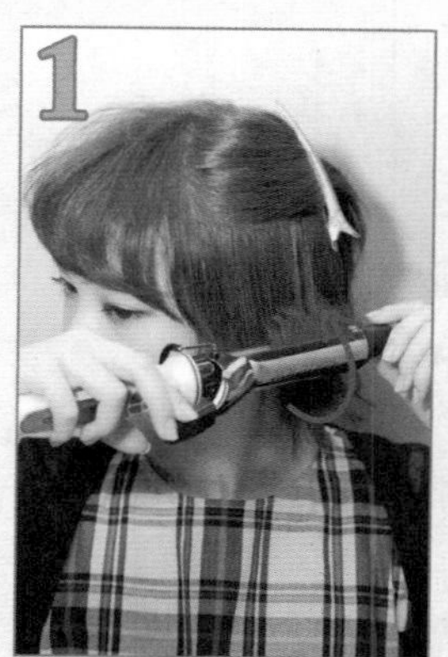

进行分区，将内侧的头发向外卷

使用 32mm 的卷发棒。为了让发梢向外翘，夹住发根，滑动到发梢后保持 3 秒。卷的范围只在脸周围和耳朵后面区域。

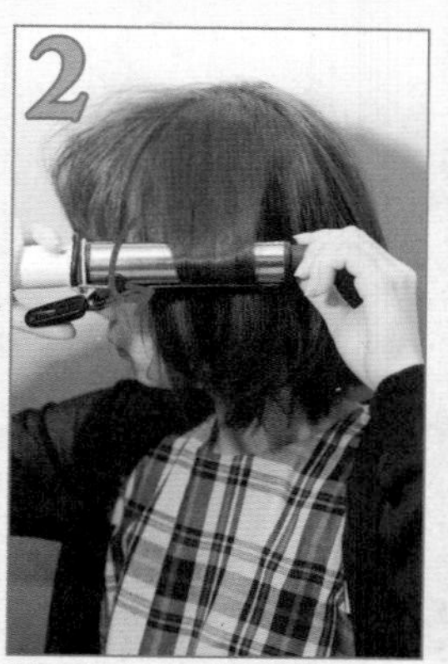

将表面的头发向内卷

横向多取一些头发，将发梢向内卷。因为表面的头发向内卷，增加了蓬松度，这是让发梢外翘也显得自然的关键技巧。

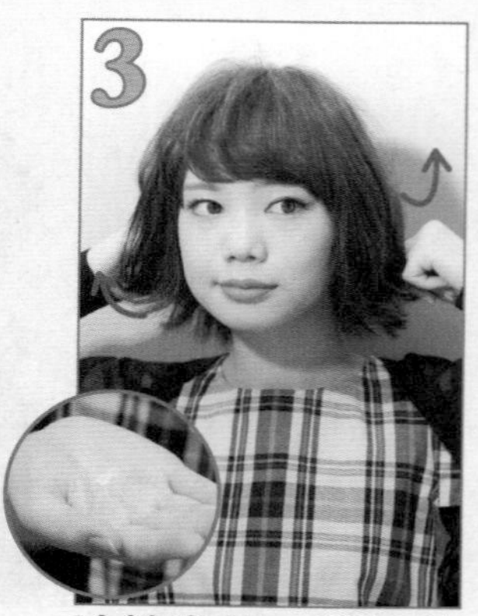

涂抹发蜡，调整外翘的形状

因为外翘的发卷容易散开，所以要涂抹硬性的发蜡。调整形状，让发梢都朝向外侧。

样式 6

韵味波浪发梢

为了重现自来卷般的微凌乱动感，关键是先将发束拧转之后再卷。这样就谁都能变成发型打理高手了。

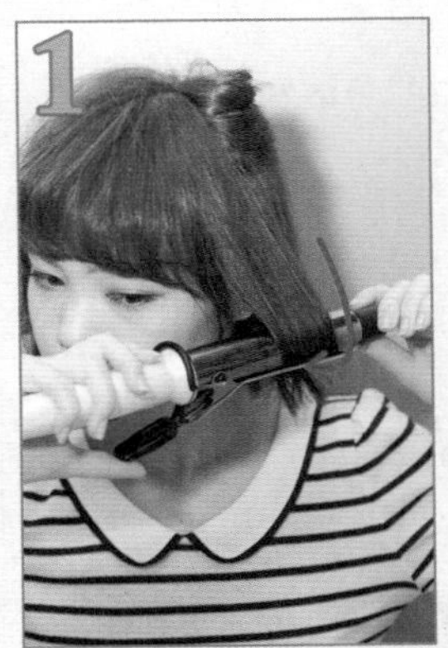

内侧的头发用混合卷法

使用 32mm 的卷发棒。先将上面的头发暂时固定，卷内侧的头发。向内和向外交替着卷，增加发量感。

表面的头发也用混合卷法

表面的发依次取细绺发束，将发束拧转之后再用卷发棒卷。向内和向外交替着卷，做出不规则的发卷。

手上涂抹发蜡，打散发卷

在手掌上涂适量发蜡，从下方握发梢的发卷似的，涂抹发蜡，将发梢的发卷打散。

初学者也能成功尝试 超简单！掌握用预热

预热卷发筒只需要卷上之后等一会儿就好，很适合卷发初学者。只要学会分区和打散发卷的方法，简单就能做出媲美卷发棒卷出的效果。一定要挑战一下哦！

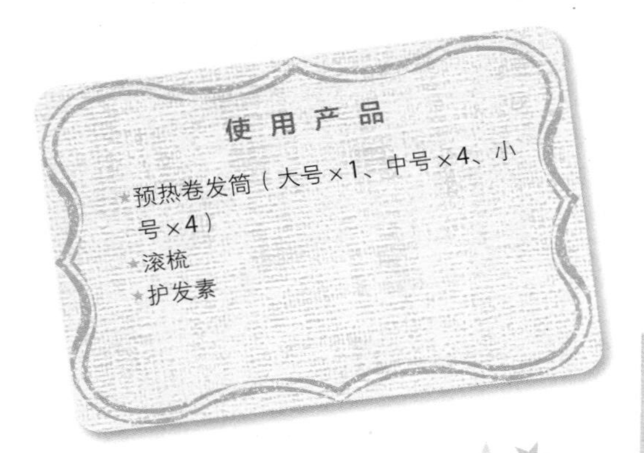

只要用混合卷法就能自由打造动感卷发

对于头发长度到肩膀，容易外翘的人，也建议选择这个发型。用滚梳将发卷梳理开，就很时尚了。飞扬的发梢，给人魅力印象。

小提示！ POINT!

1. 将头发吹干之后，头发更容易上卷
2. 采用混合卷法，表面的头发向内卷，内侧的头发向外卷
3. 用滚梳打散发卷的发束感，让发梢外翘

发卷上打造出外翘感
增加休闲风格的女人味

发型设计：Tierra
三笠龙哉

1 用手梳理着，吹干头发

在头发上涂了护发素后，用手一边向前撩动一边用吹风机吹干。这样头发很容易打理，更有光泽。

卷发筒打造卷发

2 头顶头发向前方卷

使用大号的预热卷发筒向前方卷，一直卷到发根。就能做出大卷，让头顶蓬松起来，比例更协调。

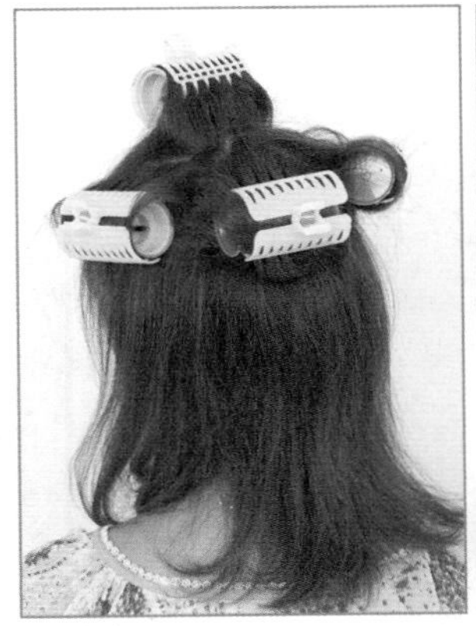

3 耳朵上方的头发向内卷

后面的头发在正中央位置分为 2 个部分。两侧和后面上面的部分，共 4 个位置的头发向内卷。使用中号预热卷发筒一直卷到发根。

4 耳朵下方的头发向外卷

耳朵下方的头发分成 4 份，用小号的预热卷发筒向外卷，一直卷到发根。这样保持 10 分钟的话，就形成发卷了。

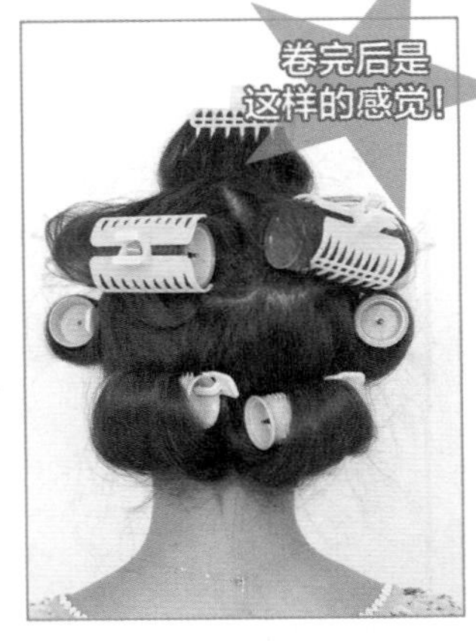

5 用滚梳梳理开发卷

按照上卷的顺序，依次拆开预热卷发筒。用滚梳将头发从根部梳到发梢，打散发束感，做出外翘的效果。

用圆润的平卷发卷增加华丽感

在胸前跳动的发卷，会让女孩的华丽印象满分。不容易表现出动感效果的A字形发型和发质容易扁塌的人，也能很容易打造的经典卷发。

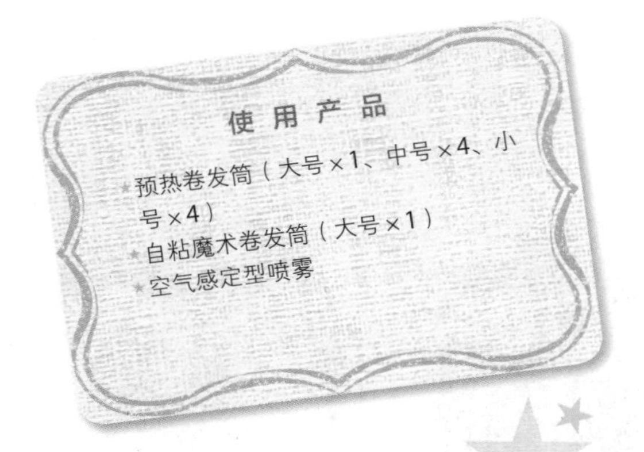

小提示！ POINT!

❶ 预热卷发筒与地面平行着上卷

❷ 将发束分成细绺再上卷

❸ 保持10分钟左右，让发卷成型

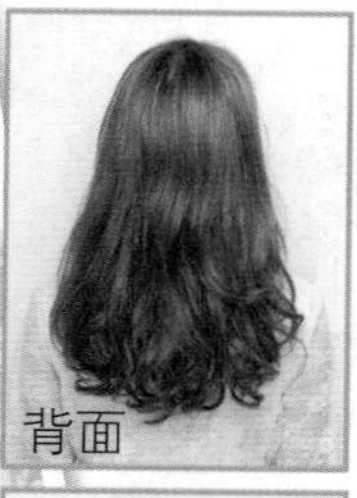

基础造型 BASE STYLE

发梢比较厚重的长发，修剪的层次很少。刘海长度快到眼睛，修剪的适度向侧面倾斜。

1 从头顶开始卷

刘海用自粘魔术卷发筒向内卷。使用大号预热卷发筒，将Ⓐ区的发束向后卷，增加蓬松感。

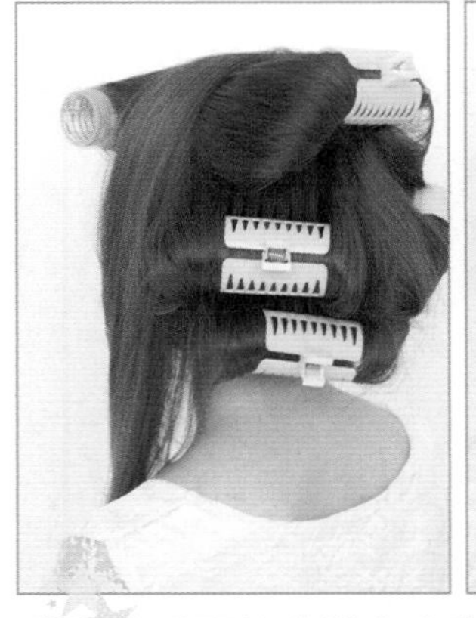

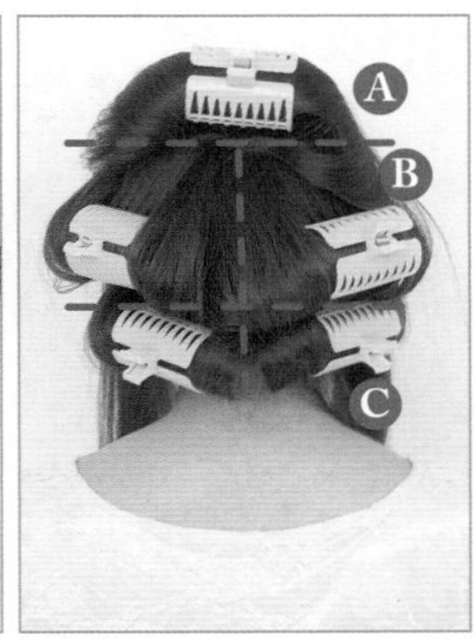

2 将后面的头发向内卷

将中间层和襟位处的头发各分为左右 2 部分。Ⓑ区使用中号预热卷发筒，Ⓒ区使用小号的向内卷。卷的方法全部采用平卷法。

3 两侧头发分为上下两层

两侧的头发分为侧点上方和侧点下方两部分。上方的头发用中号预热卷发筒，下方的头发用小号的，都向内卷。静置 10 分钟让发卷冷却下来。

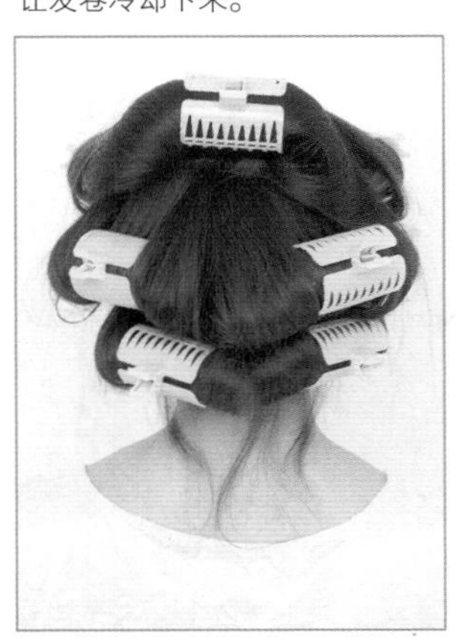

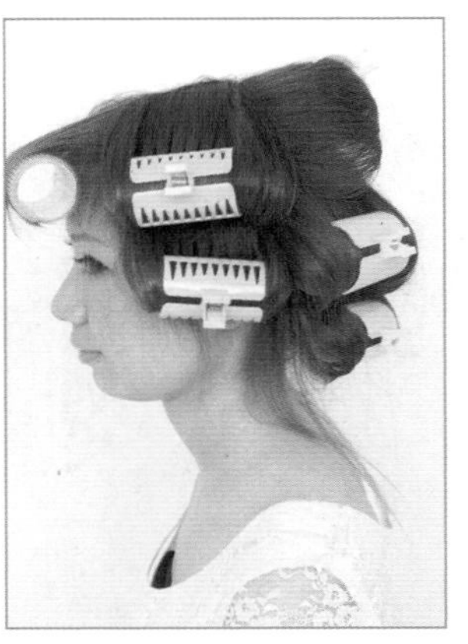

4 喷洒喷雾，打散发卷

按照上卷的顺序，依次拆掉预热卷发筒。一边将发卷展开，一边喷洒空气感的定型喷雾，就大功告成了。

这样的时候该怎么做呢

卷头发的时候，每个人都会有疑问和烦恼。不过，即使碰壁了也不要担心！在这里我们教给大家有效的解决方法。只需下一点工夫，就能顺利卷出漂亮卷发了。♪

Q 卷的程度太大时怎么办呢？

A 从反面卷或者用吹风机吹开！

如果在局部反方向卷，就能起到混淆作用，完美遮盖过去。还可以用一只手做梳子，拉着头发的同时，用吹风机吹。只需记住这两个方法就能把发卷打开了。

用吹风机暖风模式，一边拉着发卷一边轻柔地吹，就能让发卷显得柔和自然了。

如果是向内卷的头发，只要再加一个向外卷的步骤就 OK 了。发卷交叠，蓬松又自然。

Q 卷了头发后，发卷很快就散开了……如果提升发卷持久度呢？

A 可以提升发卷持久度，也可以手动拧转发卷！

头发是在由热变冷的瞬间定型的。在头发上还有热度的时候，最好用手托着发卷。如果头发已经完全冷却了，就用手拧转发束吧。

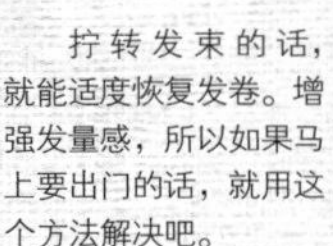

拧转发束的话，就能适度恢复发卷。增强发量感，所以如果马上要出门的话，就用这个方法解决吧。

在头发上还有热度时，用手掌托着发卷，直到冷却下来。

Q 后面的头发会翘起来

A 减少每次卷的发量，就能减少发卷不听话的问题

如果想一下子就卷好，其实这正是导致发卷朝向很乱的原因。沿着襟位处发际线的弧度，将头发分成 2~3 束上卷的话，就能完成均匀的发卷了。

Q 要卷好后面的头发，诀窍是什么？

A 向上提着卷的话，会更容易

将头发稍微向上提起，这样上卷的话，会更容易一些！即使一开始不是很顺利，也不用太在意。

保持卷发棒在后方，稍微向上提起再转动卷发棒，只要保持这样操作，就简单又漂亮。

Q 好担心会烫到脖子

A 套个脖套就能放心了

将发带作为脖套，套上去的话，卷后面的头发时，就能起到保护作用，可以放心了。在操作习惯之前，卷头发的时候还是要自己注意看着。

A 用卷发棒从发根向发梢滑一遍！

不要只想着卷发梢，用卷发棒从发根开始顺着头发滑动一遍。通过从发根开始给全部头发加一次热，就能变得容易上卷。

用卷发棒从发根开始向下滑到发梢，再开始卷。就能理顺原本的小弯曲，还能提升头发的光泽感。

Q 如何让左右发卷的高度一致呢？

A 卷的时候注意保持高度一致！

用卷发棒卷头发时，卷到位置的高度，决定了卷发的完成效果。只要有意识地让两侧保持在同一位置，就能对称了。

在略低的位置卷，发量感就比较小。能做出聚拢效果好的优雅发卷。

向上提着，卷到高位置的话，完成的效果就会比较蓬松。

Q 让头顶头发蓬起来的秘诀是?

A 事先用发卡固定!

卷头发的时候，或者化妆的时候，先用发卡把头顶的头发向上固定。这样发根立起来，头发就比较蓬松了!

将想要蓬松的头发部分用发卡固定在发根部分。将少量发束用小鸭嘴夹固定就很有效。

Q 卷完头发不蓬松

A 试着卷完后将发卷打散吧

要想让卷发显得时尚又可爱，蓬松感是很重要的。发卷又硬又死板的话，会让魅力大打折扣的。模仿专业发型师的技巧，学会打散发卷吧。

打散发卷的方法有这3类

用手指打散

用手指左右拉1束头发

选1绺烫出卷的发束，用手指尖捏住，左右拉开。如此反复几次，就能将整体头发的发卷打散了。

具有适度蓬松感的A字形廓形

打散后的状态。保留了发卷的线条和立体感，增加了适当的蓬松感，这样的A字形廓形也显得很华丽。

用手当梳子打散

插入手指时，要从头发内侧开始

头发烫卷后，将手插入内侧，轻轻将头发向上托起似的，从发根梳到发梢。手慢慢的向下移动，小心地打散发卷。

发束感和发量感比例比较均衡

打散后的状态。发束感和蓬松的发量感，整体比较均衡。能快速搞定，也是这个方法的优点。

用梳子打散

好像抚摸发束表面似的梳理

使用不容易产生静电的气垫梳子，在头发表面轻轻梳理。需要注意的是，如果梳的程度太大的话，会让发卷太松散！

变成有空气感的蓬松质感

打散后的状态。变身略微凌乱的蓬松质感卷发。适合喜欢头发有空气感、发型轻快的人。

Q 容易扁塌的发质也能做出蓬松感吗

A 在头发表面的发束采用外卷法，表现出立体感

头发又细又软，很容易扁塌的话，首先将发梢整体都烫出大卷。然后，将侧面表面的发束再卷一遍，就能表现出立体感。刘海也用卷发筒卷一下，使其蓬松起来。

表现出立体感，自己也能拥有曾经羡慕的蓬松飘逸秀发啦

发型设计：air-GINZA tower 木村直人

基础造型 BASE STYLE

长度超过肩膀长发。发质又细又软，虽然自己烫了内卷，但时间一长就会扁塌下来。

侧面

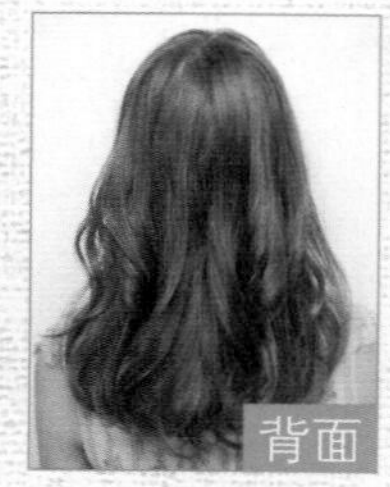

背面

用一些小技巧立刻就能搞定 满足不同心愿

1 整体喷上基础护发水

卷头发之前，喷基础护发水，吹干。使用增加空气感的护发喷雾，也能增强发卷的持久力。

2 用自粘魔术卷发筒将刘海向内卷

刘海上卷的宽度略窄，只取黑眼球之间（包含黑眼球）距离，这是表现出自然蓬松感的关键。使用大号卷发筒，向内卷。

3 将前、后、左右的头发分为 4 部分

剩下的头发，先分为前后左右 4 部分。用鸭嘴夹分别固定，让发束不会相互干扰，容易操作。

4 将每束头发分别向内卷

使用 38mm 的卷发棒，从两侧的头发开始卷。夹住发束中间，滑动到发梢后，向内卷 1 圈半。

5 向上提起，打散发卷

将发卷打散一次，这一个环节也非常重要。让发梢的发卷表现出不规则动感，会显得头发轻快而不厚重。

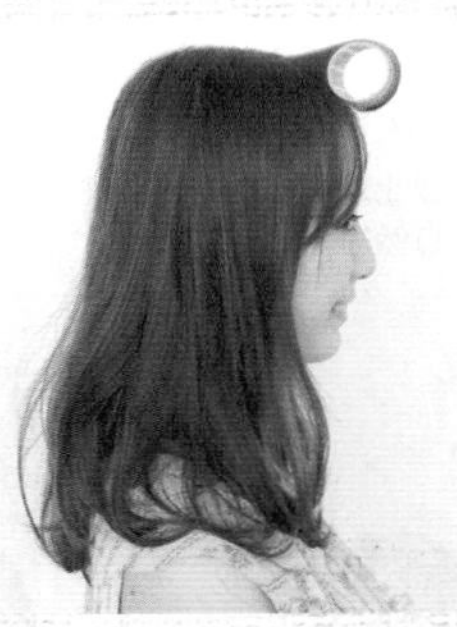

6 从表面的头发中取 3 束向外卷

从侧面表面的发束，取出细绺头发。烫卷 1 束后，就隔着 1 束的间隔，卷另 1 束。共将 3 束头发向外卷。从发梢开始卷 2 圈。竖着拿卷发棒。

7 给向外卷的发束喷定型喷雾

拿起在 6 中向外卷过的发束，在表面喷硬性定型喷雾，保持发卷的弹力。

的卷发方法

不论你是为发质而烦恼，还是因为头发太短或刘海太长了而担忧，都没有关系！只要掌握一些小技巧，就能很快让发型变成你心目中的样子。无论何时，都能让你保持可爱发型！

Q 好像烫过的波浪卷发自己能卷出来吗？

A 如果用平卷法结合内外混合卷法的话，就能做好

关键就是用平卷法结合内外混合卷法。下面的头发向内卷，上面的头发向外卷，这样就能实现理发店里烫出的波浪效果。刘海用钢夹做出卷曲效果，会更简单。

用蕴含着女人味的性感波浪卷发成功改变形象

发型设计：air-GINZA tower 木村直人

基础造型 BASE STYLE

从下巴以下开始修剪出层次的长发。因为模特的五官立体又漂亮，所以比起清晰的螺旋卷发来说，更适合自然的波浪卷发。

侧面

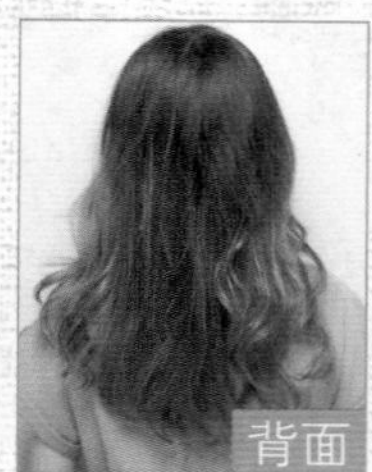

背面

1 将刘海用小鸭嘴夹夹出发卷

将刘海沿着倾斜的方向旋转，用小鸭嘴夹固定，就能做出质感柔软、蓬松的斜刘海。

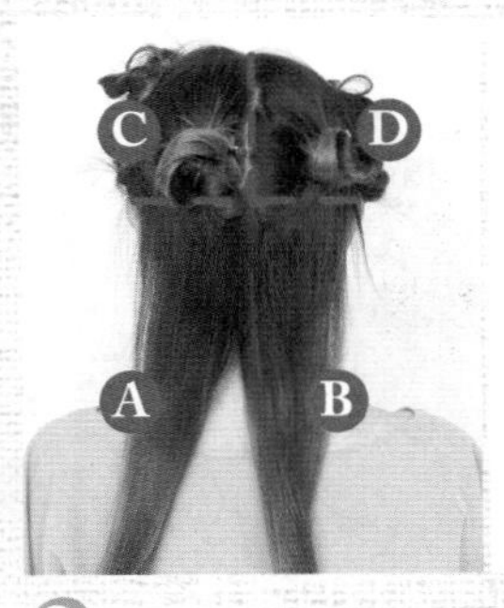

2 分成 8 个区域

因为这个发型即使粗略的卷一下也可以，所以不用清晰的分区。总共大概分成 8 个区域即可。

3 襟位处的头发采用平卷法向内卷

使用 32mm 的卷发棒。将襟位处的Ⓐ Ⓑ区发束，从发梢开始向内卷 3 圈。侧面下方的Ⓔ也同样向内卷。另一侧也同样。

4 头顶采用平卷法向外卷

上方的Ⓒ Ⓓ区发束，从发梢开始用平卷法向外卷。侧面的Ⓕ区和另一侧的相同位置，都同样的向外卷。卷发棒大概旋转 3 圈为宜。

5 将发蜡涂抹在发梢上

手掌上涂抹发蜡，然后从下向上托起发梢，进行揉进空气似的涂抹。还要整理已经定型的刘海。

Q 如何卷长流海显得整体比例协调呢？

A 竖起卷发棒能避免刘海扁塌

略长的前刘海，中分之后，分别夹住左右发根，让发根竖起。然后，在发梢卷出 1 个发卷，就能协调地配合卷发造型了，试试看吧！

发型设计：air-AOYAMA
志贺功祥

包裹面庞的漂浮感刘海
很适合丰厚发量的卷发造型

基础造型
BASE STYLE

长度超过肩膀 10cm 的长发，几乎没有修剪层次。长度到下巴的刘海扁塌，与卷发的风格不能融合。

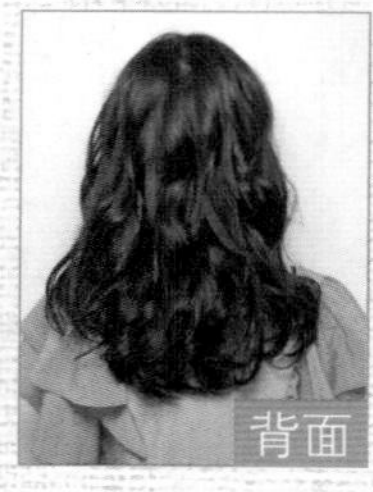

背面

侧面

1 进行分区

分为侧点上方Ⓐ区和侧点下方Ⓑ区。为了从略高的位置开始卷，将Ⓐ区分为 8 束。Ⓑ区分为 4 束，刘海暂时保留。

2 侧点下方的Ⓑ区发束用平卷法向内卷

使用 32mm 的卷发棒。将Ⓑ区的发束分别用平卷法向内卷。从发梢卷 2 圈，保持 5 秒后撤离。

3 Ⓐ区的发束从前面开始卷

脸两侧的发束先向内卷，然后其相邻的发束就向外卷，这样交替上卷。竖着拿卷发棒从发梢卷到发根，是关键技巧。

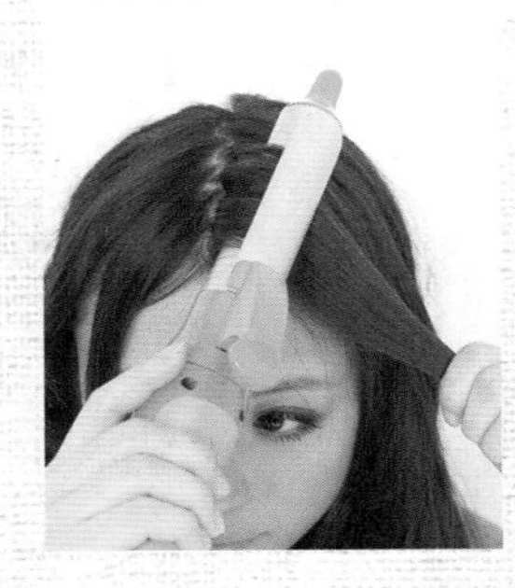

4 让刘海的发根竖起

将中分的刘海，分别用卷发棒夹住发根部分，保持 5 秒后，发根就竖起来了。

5 刘海的发梢向内卷 1 个卷

用卷发棒将发梢卷一圈，保持 3 秒之后撤离。发梢稍微向内扣，让整体发型更加协调。

6 喷空气感喷雾

提起发束，一边抖落头发一边喷空气感喷雾。关键是要让发丝间隙中填充了空气。

Q 蓄长了的刘海如何能显得可爱呢?

A 用自粘魔术卷发筒卷一下，就容易打理了！

用自粘魔术卷发筒向内卷的话，很简单就能让刘海蓬松起来。蓄长了的刘海也能自然偏向一侧了。因为刘海更有立体感了，所以显得面部更明亮，还有显脸小的作用。

蓬松流畅的立体刘海
呈现出小脸印象。

发型设计：HOULe eriko

基础造型
BASE STYLE

圆润廓形的波波头。刘海长度能盖过眼睛，偏向一侧。因为想要把刘海蓄长，所以正在探索更丰富的刘海变化方式。

1 用自粘魔术卷发筒将上下 2 层刘海向内卷

将刘海分为上下 2 层，用自粘魔术卷发筒轻轻向上拉着发束的同时向内卷。上方用中号的，下方用小号的。

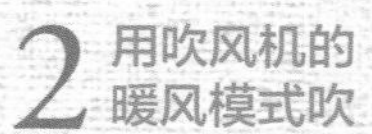

2 用吹风机的暖风模式吹

吹风机的小风力吹暖风，大概 5 秒左右。然后静置 2~3 分钟，等待温度冷却下来。冷却之后，就能形成发卷了。

3 喷硬性定型喷雾，保持蓬松感

拆掉魔术卷发筒。用手斜向梳理刘海，用手指托着发梢，喷硬性定型喷雾。这样刘海的蓬松效果更长久。

Q 短发也能用卷发棒卷吗？

A 只要用细卷发棒就 OK！

如果是短发的话，选择 25~26mm 的细卷发棒吧，可以卷到发根。卷上后保持 5 秒左右然后撤离，就能卷出清晰的发卷。刘海使用自粘魔术卷发筒。

因为采用了平卷法
打造出蓬松又有女人味的短发造型！

发型设计：Garland
榊原章哲

背面

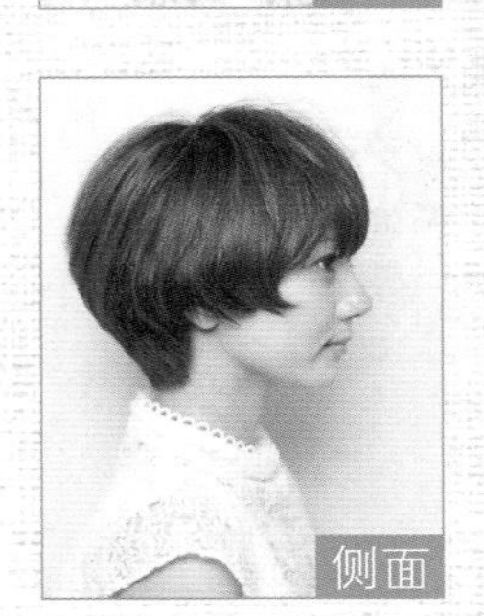

侧面

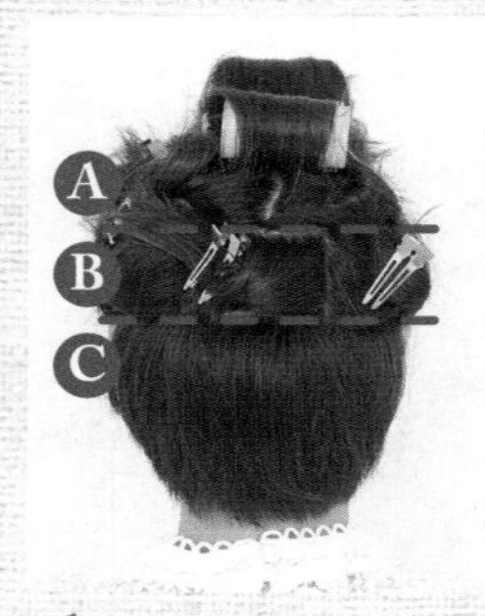

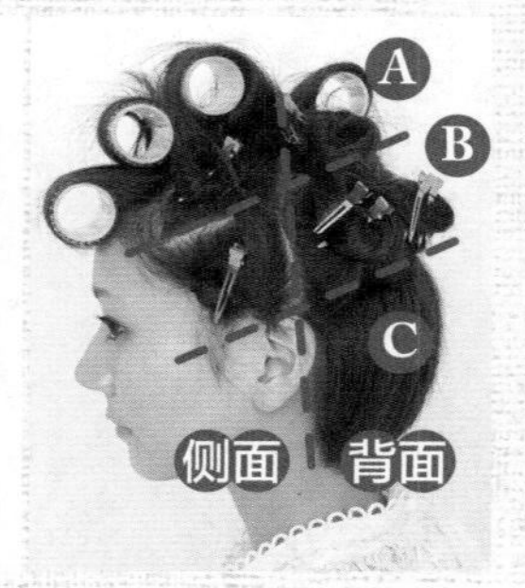

1 进行分区

使用中号自粘魔术卷发筒，在刘海卷 2 个，头顶卷 2 个。然后将其他部分的头发分区，后面分 3 层，侧面分 2 层。

2 适当收敛Ⓒ区的体积感

让襟位处的Ⓒ区头发紧致一些，整体比例更协调。一边用手压着，一边用吹风机吹，显得体积小一些。

3 将Ⓑ区的头发从后面向内卷

将后面Ⓑ区部分再分成 4 小份，分别从发梢开始向内卷到发根。使用 25mm 的卷发棒。

4 侧面下方的头发用平卷法向内卷

侧面下方的头发，用平卷法从发梢向内卷到发根。保持 5 秒后撤离，就形成了圆润的轮廓。

5 侧面上方的头发也用平卷法向内卷

上方的发束也一样，用平卷法从发梢向内卷到发根，做出蓬松的空气感效果。拆掉卷发筒。

6 揉搓涂抹发蜡，提升空气感

在手掌上涂抹一层薄薄的发蜡。从下向上托起头发似地抓揉涂抹，调整好发梢方向后，就完成了。

Q 休闲风格的慵懒卷发怎么做？

A 不规则地取发束，用卷发棒烫卷

整体发梢都采用平卷法向内卷。然后，在各个部分取发束，用卷发棒不规则的向内卷，表现出微凌乱感。此时要竖着拿卷发棒，卷的时候不卷发梢。

1 不规则地取发束，竖着向内卷

夹住发梢，用平卷法向内卷1圈。然后不规则地取其他发束，避开发梢向内卷。要竖着拿卷发棒。

2 将刘海卷出自然内扣的效果

刘海分为上下两层，先从下面开始卷。分别夹住发束的中间部分，将卷发棒向内侧滑动，到发梢后直接撤掉。

3 在发梢上涂抹发蜡

为了避免头发扁塌表现不出丰厚感，在手掌上涂少量发蜡，充分涂抹开。从发梢开始揉搓发梢，增加蓬松感。

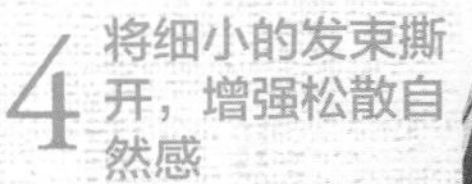

4 将细小的发束撕开，增强松散自然感

为了避免发束出现僵硬的情况，要注意将细小的发束撕开。不规则的卷曲感，提升蓬松慵懒印象。

基础造型 BASE STYLE

长度到肩膀下方5cm的长发，修剪了层次。虽然将发梢向内卷了，但是容易显得过于成熟。搭配休闲服装的话，还是适合有微凌乱感的卷发。

连衣裙 5315日元+税/flower，
其他/个人物品。

正式
Formal

受邀请去参加宴会等，在正式的场合中，不能缺少“优雅”这个关键词。用盘发或三股辫将头发扎起来，用卷发的柔和动感增加女人味吧。

也适合正式场合的盘发造型，一开始就把脸两侧的头发留下两绺，增加适度放松和华丽的印象。后面的头发扎成不对称的三股辫再盘起来，是这个发型的关键。

发型设计：ACQUA aoyama
金子真由美

结合 TPO 改变发型

从这部分开始，教给大家结合 TPO= 时间、地点、场合来打理不同的卷发造型！正式、约会、闺蜜会、日常等，给大家奉上这 4 个场景的发型打理方法。只要以卷发为基础，就很容易打理，所以可以很从容的表现时尚。让打理发型的生活充满乐趣吧！

1 脸两侧的那两绺头发最开始就先留好

将整体头发卷成波浪卷发后，先将两侧的两绺头发预留出来。如果等将头发盘好之后再揪出来，会让整个发型容易散，所以先预留出来是巧妙诀窍。

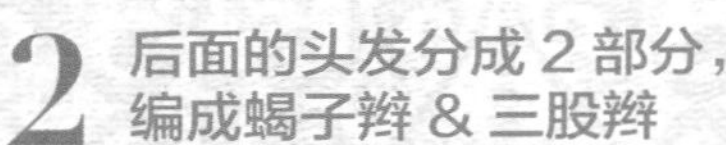

2 后面的头发分成 2 部分，编成蝎子辫 & 三股辫

后面的头发用手大致分成左右 2 部分，分别从耳朵旁开始编蝎子辫，从襟位处开始变成三股辫，最后用细皮筋绑定。

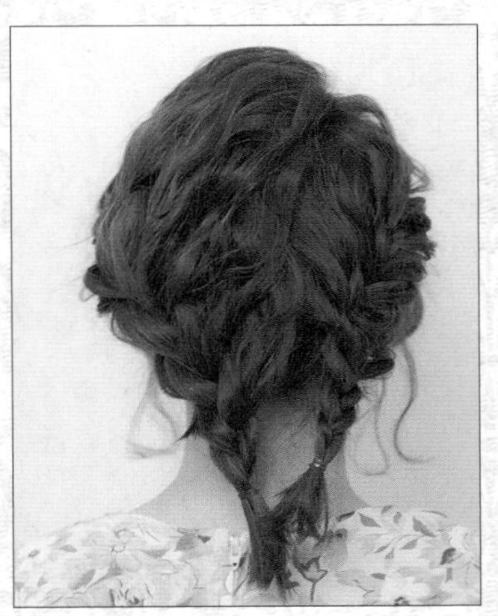

3 完成蝎子辫 & 三股辫！

让右侧的三股辫向左偏，左侧的三股辫向右偏的话，就更容易盘起来。让左右发辫的粗细不同，能表现出适度自然而不刻意的感觉。

4 将发梢折进内侧，用发卡固定

将两个三股辫交叉，把发梢折进内侧，用发卡多处固定。戴上珍珠发卡等发饰，营造出优雅 & 华丽印象。

不同场合 卷发打理法

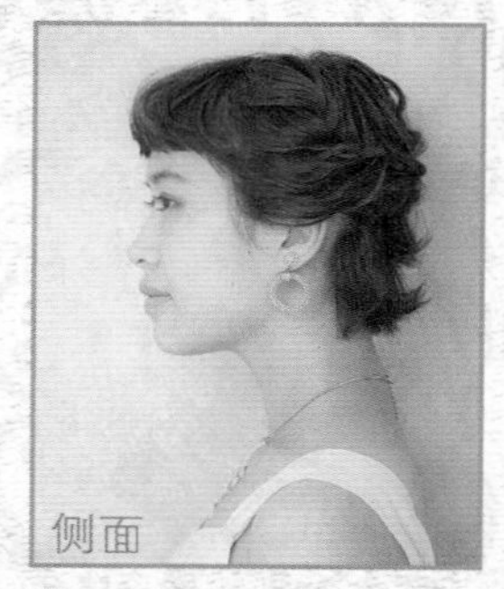

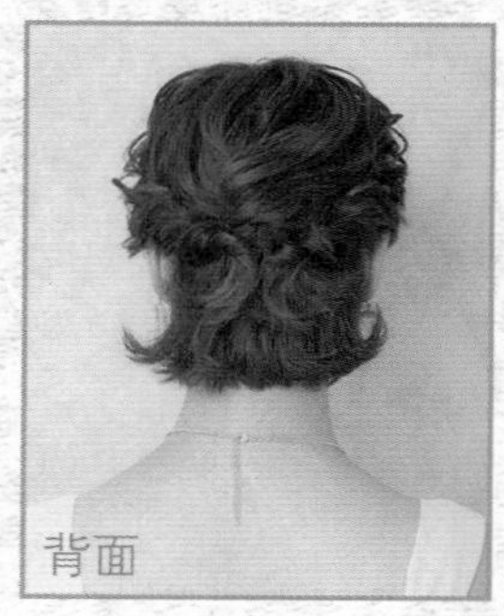

一开始卷成波浪卷发，刘海也用直发板卷出内扣效果。半盘发后，用直发板将襟位处的发梢夹卷翘。侧面处理的干净紧致，用这种张弛有序的节奏感，烘托出优雅的小脸印象。

发型设计：ACQUA aoyama
金子真由美

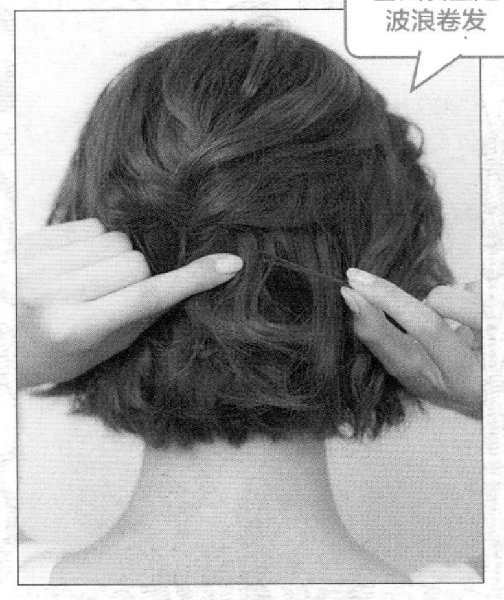

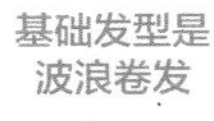

1 将头顶表面的头发拧转后，用发卡固定

用手梳理头顶表面的头发，聚拢到中央，拧转之后用发卡固定。注意拧转的时候，稍微在头顶提起高度，但别把发型揪散了。

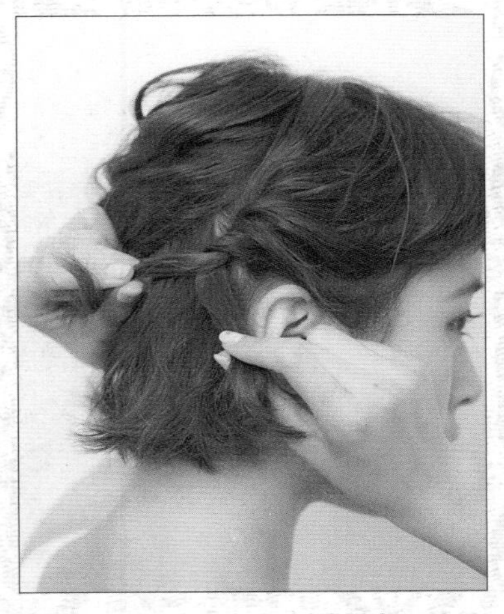

2 两侧的头发拧转成麻绳辫，让两侧收紧

将右侧的头发向后方聚拢，拧成麻绳辫。将发束分为 2 束，按照同一方向反复交叉拧转，就成麻绳辫了。另一侧也一样，将两侧收紧。

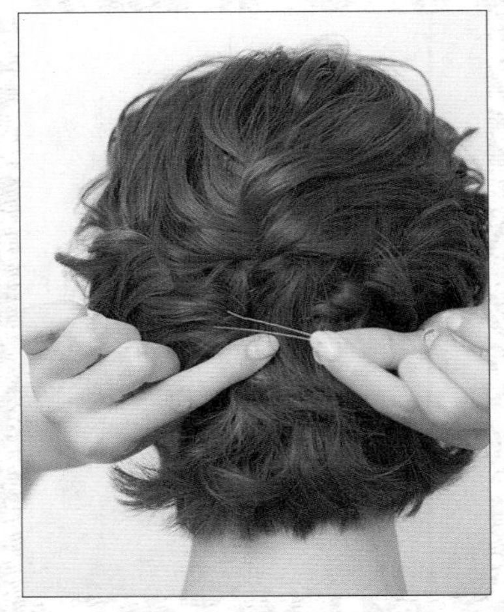

3 将编成麻绳辫的发束分别用发卡固定

将 2 中编好的麻绳辫，拿到后面中心位置，用发卡固定。将靠近头皮的头发与麻绳辫上的头发连到一起固定的话，能防止中途散开。

4 用直发板将襟位处的发束卷外翘起来

用直发板将 3 中用发卡固定的发束发梢和襟位处的发梢向外卷，做出外翘效果。为了从正面看有外翘的效果，一边照着镜子一边调整平衡吧。

优雅古典风格的盘发 洋溢着祝福的光彩

正面

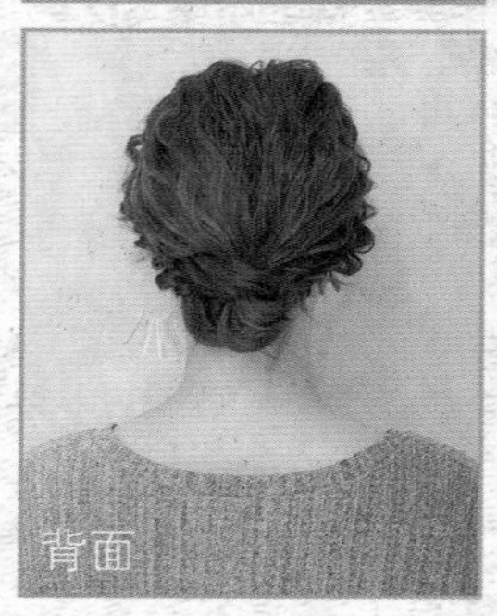

背面

在重要朋友的喜庆日子里，连侧脸都洋溢着快乐，用略低的丸子头，表现成熟女性的优雅品位。侧面用麻绳辫，彰显优美。事先烫出波浪卷发，会增加华丽感。

发型设计：ACQUA aoyama 金子真由美

基础是
波浪卷发

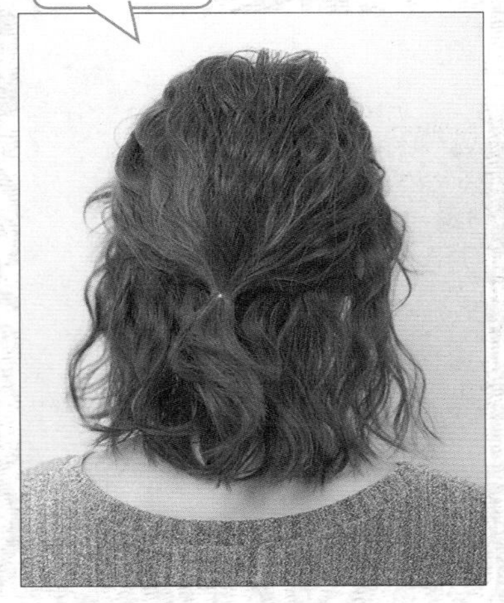

1 将侧点上方的头发扎起来

留下襟位和耳朵两侧的头发，将侧点上方的头发用细橡皮筋扎起来。事先将整体头发烫成波浪卷后，很容易聚拢，也增加了华丽感。

2 留下耳朵前方的头发其余扎成一个丸子

留下耳朵前方的头发，用手将1中扎的发辫和襟位处的头发聚拢成一束。直接将发梢弯折，做成丸子头，用多个发卡固定。

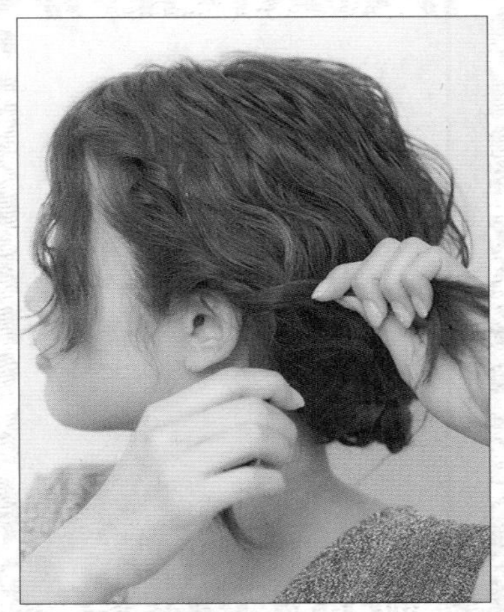

3 左右两侧将留下的耳朵附近的头发编成麻绳辫

将耳朵旁边的头发分成2束，交错拧转，编成麻绳辫。脸左右两侧的头发，分别编麻绳辫一直编到发梢，事先把刘海放下。

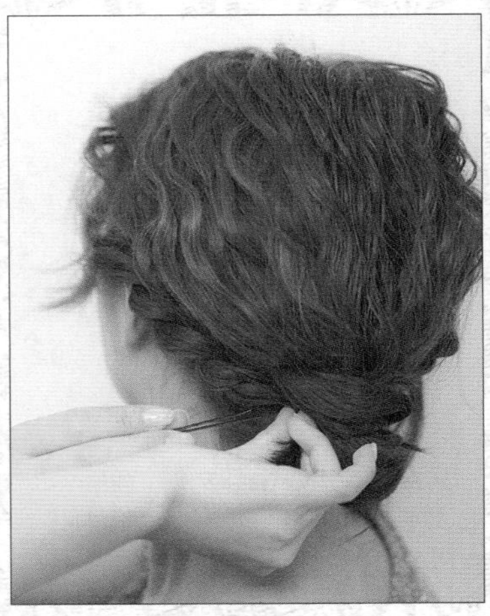

4 编成麻绳辫的发束，用发卡固定在后面

在3中编好的发束沿着襟位贴到丸子旁边，用发卡固定发梢。头发长的话，就放到丸子下面将，用发卡固定发梢就完成了。

整体卷出波浪卷发后，编成三股辫 & 麻绳辫，营造出立体感，打造冰雪女王风格的发型。比起盘起头发来说，更有度假感，散发出端庄和休闲的绝妙平衡效果。

发型设计：ACQUA aoyama
金子真由美

基础是
波浪卷发

1 用直发板将刘海的发梢向内卷

分 2~3 次，用直发板夹刘海，到发梢处向内卷。不会像用卷发棒卷的那么弧度大，而是能打造出有透视感的刘海。

2 如照片所示，将 2 条三股辫编成 1 条

预留下耳朵前方的发束，将后面的头发分成 2 份，各编成三股辫。编完三股辫后，将 2 条发辫合二为一，在发梢处用细橡皮筋绑定。

3 将预留的耳朵前方的头发编成麻绳辫

从在 2 中合二为一的发辫上，稍微拉出一些发束，缠绕在橡皮筋上，将其隐藏起来。将 2 中预留的耳朵前方的头发各编成麻绳辫，用橡皮筋绑定。

4 将编好的麻绳辫插入到三股辫中间

将 3 中编好的麻绳辫从三股辫的上方插入。用发卡在内侧固定发梢。三股辫 & 麻绳辫结合，表现出立体感。

约会 *Date*

有没有女孩因为约会的发型太单一而觉得遗憾呢？调查一下他的喜好，“果然她很可爱”，让他这样再次迷上你吧！掌握能增强爱情吸引力的发型打理方法吧♡。

盘发风格的发型展现不同以往的一面。男朋友也一定会更加心动

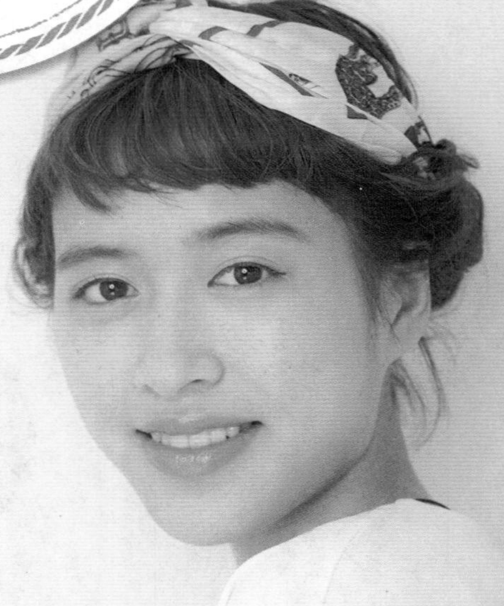

波波头的长度要盘发还是比较难的，但如果借助发带的话，就会很简单了♪换个新发型，在追求的男孩心里燃一把火吧。选用包头巾风格的印花，还能适当增加流行元素。

发型设计：ACQUA aoyama
金子真由美

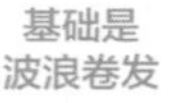

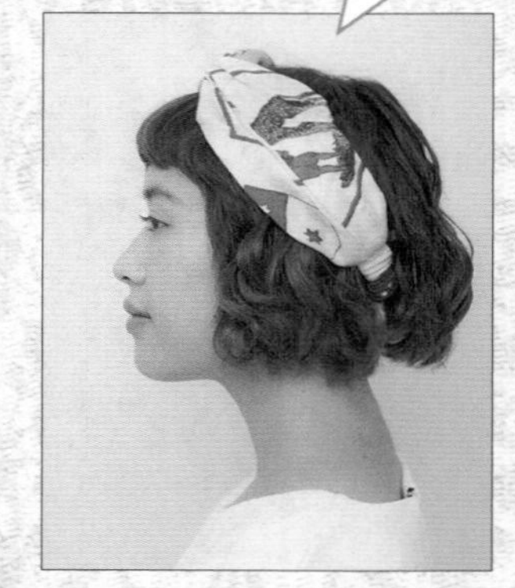

1 预留出后面表面的头发，戴上包头巾

整体卷成波浪卷发，刘海部分向内卷。包头巾好像帽子似的，戴在上面。只有头后面的表面头发盖在包头巾上面，先将头发分好。

2 将脸周围的头发塞入包头巾内

将脸周围的头发塞入包头巾内，发梢用发卡固定。像波波头这样短的头发，分成小部分处理，是避免失败的关键。

3 襟位处的短发用橡皮筋扎成1束

暂时用鸭嘴夹等将表面的头发向上固定，用橡皮筋将襟位处的头发扎成1束。扎短发的时候，使用细的硅胶橡皮筋，会更容易固定。

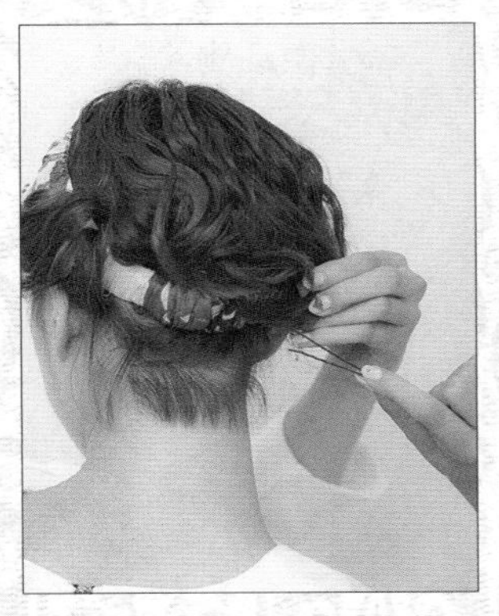

4 盖上表面的头发，在包头巾中用发卡固定

放下刚才用鸭嘴夹固定的表面头发。盖在刚扎好的1束头发上，将发梢插入包头巾中，多处用发卡固定。

蓬松的蝴蝶结风格盘发 适合爱撒娇的可爱女孩

侧面

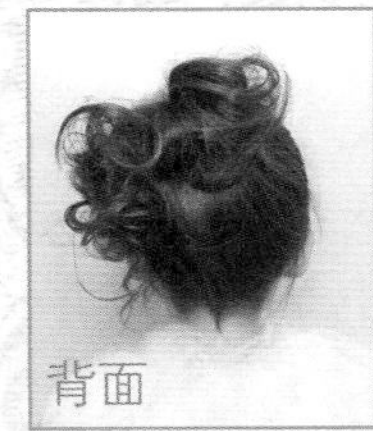

背面

将马尾辫中的一部分发束，穿过绑定位置的话，就能变身蝴蝶结风格的发型。少女的气质，让年长的他更加着迷。倒梳头发，增加发量感，是成功的关键。

发型设计：HOULe eriko

1 在头部较高位置上扎1个马尾辫

事先将整体头发卷成混合卷。在绑定的位置扎上带装饰的橡皮筋，做出马尾辫。选择较高的位置绑定，能提升可爱感。

2 从发梢向发根部分，用梳子倒梳头发

将1中扎的马尾辫倒梳。拿起发辫，从发梢向发根部分倒着梳，充分增大发量感。

3 将发梢折叠，变成蝴蝶结风格的廓形

将马尾辫的一部分穿过正中央的橡皮筋位置，用发卡固定。剩下的发梢部分用发卡固定，调整出蝴蝶结的形状。

清纯的丸子头和性感的散发束为恋爱关系加速度

侧面

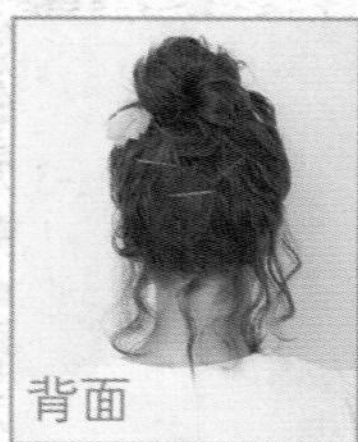
背面

如果将基础头发做出波浪卷发的话，散落的发束也能表现出韵味，性感指数满分。用平时比较少用的丸子头去约会，也能彰显可爱女孩印象。这是能让每个男孩都倾心的丸子头。

发型设计：ACQUA aoyama
金子真由美

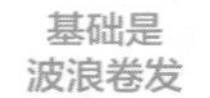

1 将耳朵上方的头发在后面较高的位置扎起来

将头发整体分为耳朵上方和下方两部分。将耳朵上方的头发在后面较高的位置扎成 1 束。注意此时要在脸周围适当留一些散发。

2 耳朵下方的头发也用橡皮筋扎成 1 束

耳朵下方的头发也用橡皮筋扎成 1 束。襟位处的头发不要太整齐，适当预留一些碎发，能表现出温柔气质。

3 将2束头发合在一起做成丸子头

将上下2束头发合在一起，拧转固定做出丸子头。用发卡将发梢从下面固定。通过将2束头发合在一起，增加了发量感。

4 将襟位正中央的碎发，用发卡固定

将襟位正中央的碎发，用发卡固定。用金色发卡等彩色发卡的话，会增强时尚感。襟位左右的碎发不用收敛起来。

有吸引力发型的终极版
「漂亮姐姐」风格的发型
简单、直接又有效

侧面

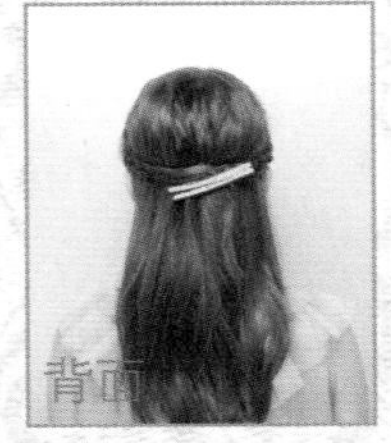

背面

用混合卷发卷从中间到发梢的部分，头顶采用编发方法。好像佩戴了一个发箍似的，能提升女人味。对刚结束一天工作的他，有直击内心最柔软处的效果哦。

发型设计：Garlard
榊原章哲

基础是混合卷发

1 用手大致将要编的发束区分出来

以耳朵为界限，将头发分为前后部分。将耳朵前方的部分用于编发。不要将两部分的界线分得太整齐分明，显得更加自然。

2 用在耳朵前方分好的发束编发

1中分好了头发，将耳朵前方的部分从头顶开始编蝎子辫。从耳朵下方改为三股辫。另一侧也同样编蝎子辫＆麻花辫。

3 用手指将头顶部分适当拉高，增加头顶的丰盈感

将编好的2条发辫在后面合到一起，用发卡固定。最后用手指轻轻捏住头顶的头发，适当拉高。

闺蜜聚会 *Girls party*

女孩之间的聚会上，热闹地讨论“你的发型是怎么弄的？”之类的话题，也是聚会的乐趣之一。比平时稍微费工夫的发型，表现你的好品位吧。

利用波浪卷发做的半盘发 让女朋友们也很心动

正面

背面

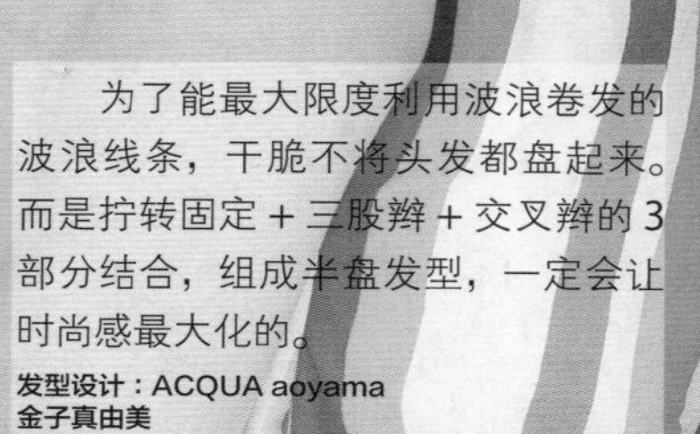

为了能最大限度利用波浪卷发的波浪线条，干脆不将头发都盘起来。而是拧转固定 + 三股辫 + 交叉辫的3部分结合，组成半盘发型，一定会让时尚感最大化的。

发型设计：ACQUA aoyama
金子真由美

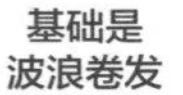

1 关键是分为3个环节操作

如照片所示，分为3个环节操作。一开始将后面表面的头发聚拢在中央，拧转后用发卡固定。左右两侧一样，将耳朵后方的头发编成三股辫，用橡皮筋绑定。

2 将三股辫拉到另一侧，用发卡固定

左侧编好的三股辫拉到右侧，用发卡固定发梢。同样，将右侧编好的三股辫拉到左侧，用发卡固定发梢。后面就显得有立体感了。

3 将两侧耳朵前面的发束都编成麻绳辫

将耳朵前面的突发编成麻绳辫。将发束大致分为 2 束，向同一方向重复交替，编成麻绳辫。两侧都要编成纹路清晰的麻绳辫。

4 将麻绳辫拉到另一侧

将 3 中编好的麻绳辫沿着 2 的三股辫下方，拉到另一侧。左右采用同样的操作，最后用发卡固定发梢。

用发髻发型去米其林三星餐厅用餐

低丸子头操作不当的话，容易显得老气。如果加入倒梳头发的技巧，就能增加华丽年轻印象了。先将头顶和丸子头位置的头发倒梳，增加适度装饰性。

发型设计：air-GINZA tower
木村直人

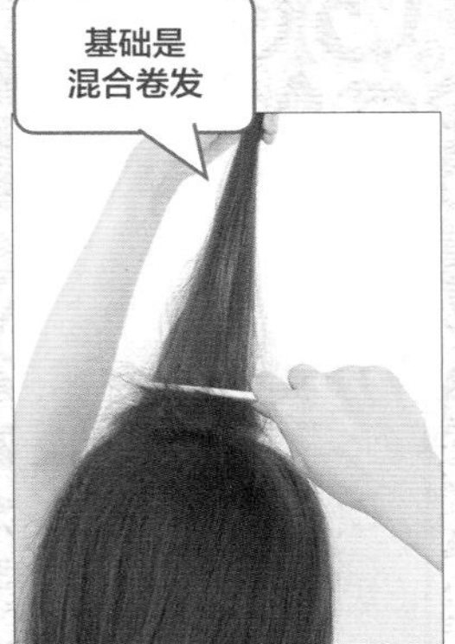

1 将头顶的头发提起，倒梳头发

事先用混合卷法给整体头发上卷。提起头顶的发束，用梳子倒梳头发，增加发量感。梳子要从发梢向发根方向梳。

2 在略低的位置扎成 1 束，再将发束倒梳

在略微高于襟位的位置，将头发扎成 1 束。从发束中一点点取出细绺发束，从发梢向发根方向倒梳。

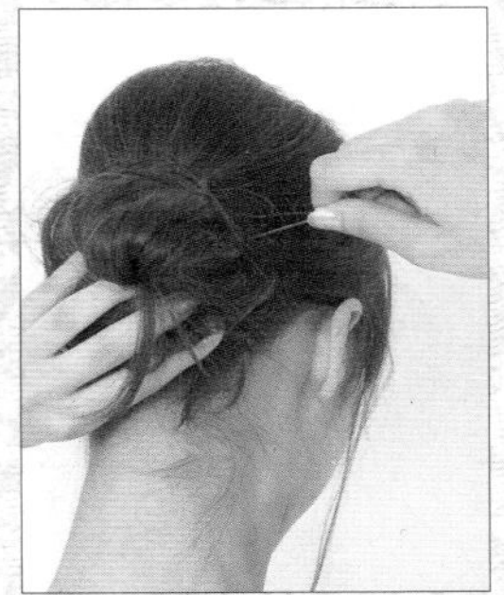

3 将细绺发束一绺绺地用发卡固定形成丸子头

从扎好的 1 束头发上，一绺绺地取细绺头发，弯折后形成丸子。用发卡根据斜着的方向固定。

日常 *daily*

日常发型容易流于单一，时间紧张的时候，可以用快速的发型来解决单一的问题。用活泼的发型，从头注入活力吧！用好发饰的话，效果更完美！

玩转发梢的HAPPY发型 表现出活力四射的印象

一开始将发梢向内烫1个发卷，令挂在耳朵后面的头发发梢外翘，增加发型节奏感，衬托出小脸效果。不规则地卡上彩色发卡，让侧脸也成为关注点。

发型设计：ACQUA aoyama
金子真由美

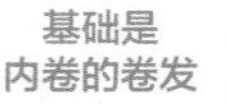

1 将耳朵前面的头发拧转，适当拉出耳朵上方的发束

将耳朵前面的头发拧转，用手控制着发梢。从耳朵上方适当拉出少量发束。这一个小环节，就能让发型接近菱形，有显脸小的效果。

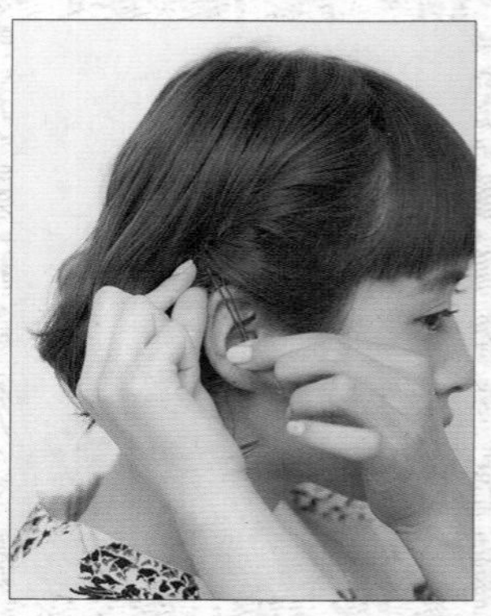

2 左右两侧相同，用发卡将拧转的发束固定

将耳朵前方的头发拧转2圈后，用发卡从下方固定。用发卡将靠近头皮的头发和拧转后的发束衔接起来，就能防止散开。另一侧也同样操作。

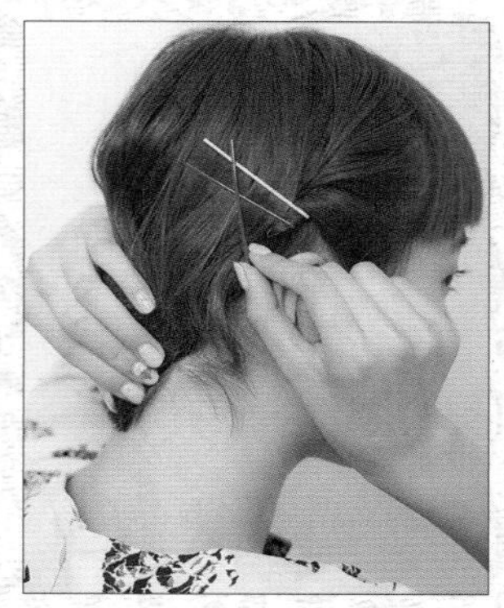

3 多用几根彩色发卡，提升时尚度

固定彩色发卡时，采用平行、交叉或者不规则的状态排布。另一侧也用喜欢的彩色发卡，可以每天都有新鲜感。

4 只在用发卡固定的部分，用直发板将发梢夹外翘

整体向内卷一个发卷之后，最后将挂在耳朵后面的头发，用直发板将发梢向外卷。对着镜子，确认卷翘的程度。让发型有节奏感，会显得脸小。

因为烫出了松散的大卷 所以变身为自然时尚马尾辫

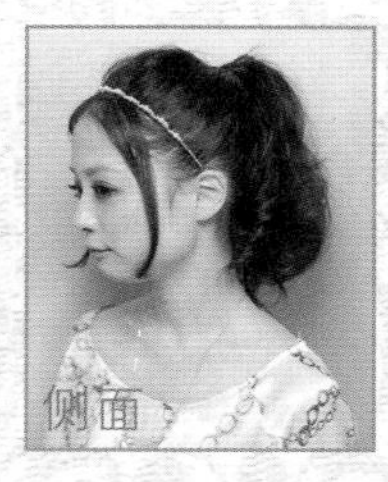

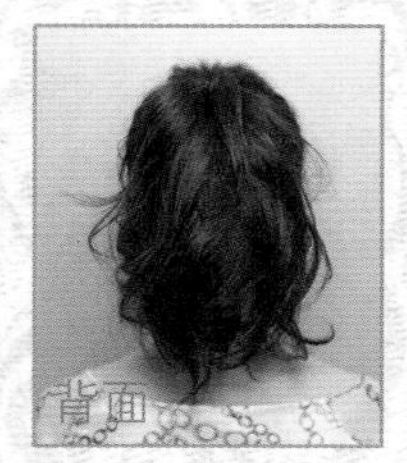

整体头发卷出了比较大的混合发卷，所以扎成马尾辫就不会给人“只是扎起来了”的普通印象。脸两侧的碎发和刘海、发箍，是为日常发型提升格调的元素。

发型设计：air-AOYAMA
志贺功祥

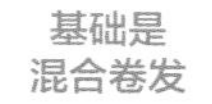

1 扎成马尾辫，刘海向后做隆起状

用手做梳子，扎一条马尾辫。刘海中央的发束拧转，向后轻拉，用发卡固定，做成隆起状。左右刘海就作为碎发修饰脸型。

2 将隆起的刘海适当向上提，增加高度

捏住向后翻的刘海，轻轻向上提，增加高度。不仅能增加自然放松的感觉，提高这个位置还能显得脸小。

3 将发箍戴在靠前的位置

最后戴上细发箍。此时，注意不要破坏2中营造的隆起线条，将发箍戴在靠前的位置，比例更协调。

头发卷的漂亮，这也很重要

吹风机的正确使用方法

吹风机的使用方法，往往不是向谁学的，而是自己“自成一派”。但使用吹风机，并不只是为了吹干头发，随着吹干头发的方式不同，能决定了发丝是否容易上卷。趁此机会，重新审视一下自己每天吹头发的方法吧！

面朝下方，用手拨动发丝吹干。据说自己这个吹干方法已经用了很多年了。平时的吹干方法的话，会让侧点位置的头发过于膨胀。头发分缝线也毛躁＆发梢凌乱，第二天很难打理！

首先要掌握！

基本的吹干方法

1

用干毛巾好像按摩似的，吸走头皮上的水分

洗发后，在头上盖干毛巾，好像用手掌按摩似的，将头皮上的水分吸走。绝不要摩擦头发，避免损伤秀发。

2

涂抹专用护发素等护发产品

取适量浴后专用护发油放在手掌上，从头发中间涂抹到发梢。不要涂在发根部，会让头发发粘。

3

一边用手指肚在头皮上滑动一边吹干分缝线

手指插在分缝线的位置，一边让手指肚在头皮上滑动，一边让吹风机从上方吹。先将分缝线的部分吹干。

使用这些产品

（右）MOROCCANOIL 摩洛哥护发精油 100ml

（左）Panasonic 纳米护发吹风机 EH-NA96。利用纳米水离子和双重矿物质的作用，将秀发吹干的同时，起到护理作用，减少头发自然卷曲的情况，让秀发更顺滑。

4

逆着分缝线的方向吹干头发，避免分缝处太明显

头顶的头发用手指拨到逆着分缝线的方向吹暖风。然后冷却5秒，这是关键技巧。手从上方插入。

5

回到分缝位置，冷却后头顶就有蓬松感了

按照分缝方向将头发拨回，用手做梳子拨着头发的同时吹干。然后冷却下来的话，分缝处的头发就会很蓬松了。使用冷风的话，有快速定型的作用。

6

将刘海向前拉用吹风机的暖风吹

用手指夹住刘海上提，轻轻向前拉着，用吹风机的暖风吹。吹干后冷却5秒，保持直顺效果。

7

侧面用暖风从发根开始吹，直到吹干

用手指夹住侧面的头发，稍微用力向斜前方拉，用暖风吹干发根部分。吹干后冷却5秒，让发型固定。

8

将发梢稍微向内侧卷调整发型

吹干侧面头发的发梢。用手指滑动到发梢，将发梢稍微向内侧卷，保持这个形状，用吹风机吹干，能调整出有光泽的弧度。

9

后面的头发一边向前拨动一边吹干

后面的头发不容易干，就用手做梳子，一边向前拨动一边吹干。从发根到发梢都彻底吹干的话，就不容易向外翘了。

知道这些
会很有用！

这样的时候该怎么办？Q&A

发梢翘起，额头总有头发不柔顺……
这些经常会遇到的问题竟然用吹风机也能解决。
知道这些的话，卷发也会更容易！

After

隐藏分缝线，让头顶蓬松起来。也能消除侧点位置的怪异凸起了。发梢柔顺，有光泽感，也很容易做造型了。

额头碎发翘起

护发产品+一边拉着头发一边吹暖风

表面浮起的不规则发束和发际线边缘的自来卷，一开始用柔顺型的护发产品，一边用力拉着一边用暖风吹。

襟位处头发外翘

用热毛巾敷在发根处用吹风机吹干

将热毛巾敷在外翘的头发根部，再次一边拉着头发一边吹干。这样就从发根改变了方向了。

前后衔接有断层！

用手指夹住刘海和侧面头发一起用吹风机吹

刘海和侧面的头发之间有明显的缝隙，断层感强，不好打造卷发。此时，将刘海和侧面的头发用手指夹住，用吹风机的暖风一起吹。

细软发质容易扁塌

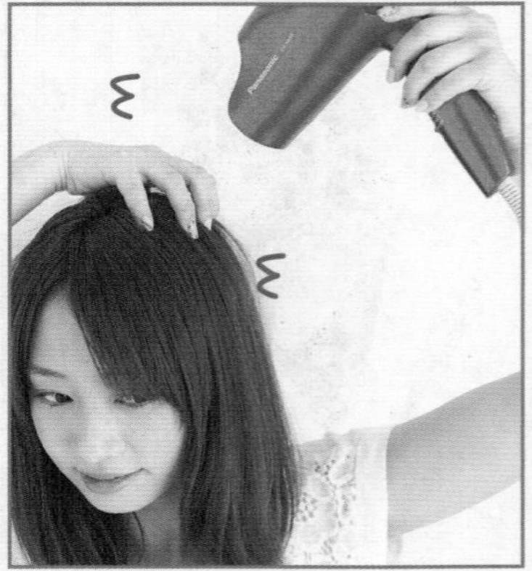

敷上热毛巾后吹干头顶

让分缝线处的头发蓬松起来，整个发型就丰盈起来了。在头顶上敷热毛巾，将头发吹干。

漂亮的秀发
来自每天的养护

洗发水 & 护发素也要有讲究♥

（从右开始）PANTENE 时光损伤修护洗发水、PANTENE 时光损伤修护护发素各 450ml。

打造健康秀发，连发梢都不分叉

含有护发素必备的一种氨基酸"组氨酸"。排出秀发中的不纯物质，结合每个人的损伤状态，修补秀发。

防止干燥、打造丝绸般光泽秀发

洗发水是无硅油配方的，含有植物由来的氨基酸类清洁成分。用杏仁油和茶花精华赋予发梢滋润，防止干燥。

<从右开始>一发 浓稠双重保湿养护洗发水、一发 浓稠双重保湿养护护发素。

改善因加热受损而毛糙的头发

为每一根头发贴上一层光滑的防护膜，修补干裂的发丝表面。因为卷发棒等加热而受损的发丝也能变得饱满滋润。

<从右开始> Essential 飘逸滋润洗发水、Essential 飘逸滋润护发素。

用摩洛哥坚果油&氨基酸进行彻底修护

头发的主要成分就是氨基酸，含有氨基酸类的清洁成分，洗完后头发不发涩。摩洛哥坚果油和 5 种植物精油，打造健康秀发。

<从右开始> Kose Cosme Port OLEO D'OR 植物精油修护洗发水、OLEO D'OR 植物精油修护护发素。

<从右开始> Storia Moist Diane 闪耀出众洗发水、Moist Diane 闪耀出众护发素。

独家的铂金纤维配方备受瞩目

"铂金纤维"能赋予发丝铂金般的闪耀。浓厚的稀有精油等，含有大量美发成分。让头发滋润有光泽。

让没有损伤的秀发变成更漂亮的卷发

最新护发话题

为了让头发不受卷发棒温度的损伤，日常护理很重要！运用最新的护发和美发工具，让秀发更漂亮吧！

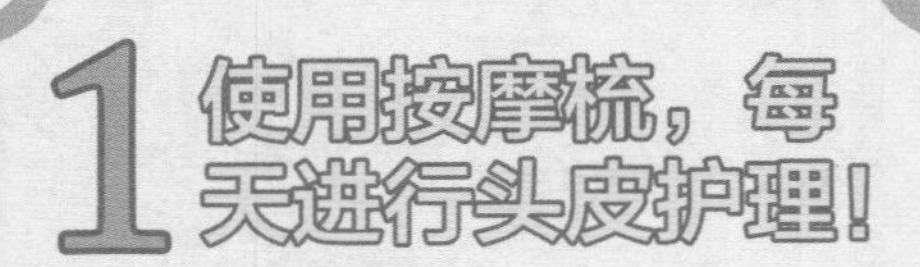

一边做其他事一边按摩，简单又舒服！

使用专用梳子的话，即使不用技巧也能有效地进行头皮护理。可以一边看电视一边按摩，每天 1 分钟就 OK。持之以恒的话，将来头发一定会很健康。

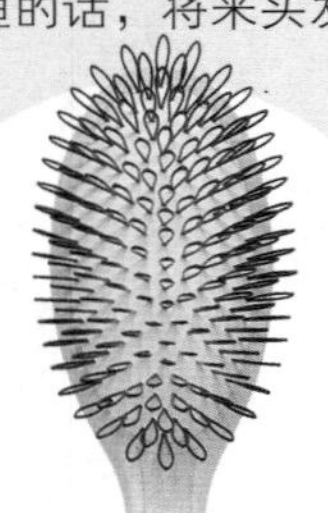

W and P ACCA KAPPA Professional 头皮护理梳子。环状的梳齿促进头皮血液循环。

KOIZUMI Bijouna 整理梳子 KBE-2800/W。声波震动 & 梳子的金属梳齿，给头皮带来非常舒服的刺激。

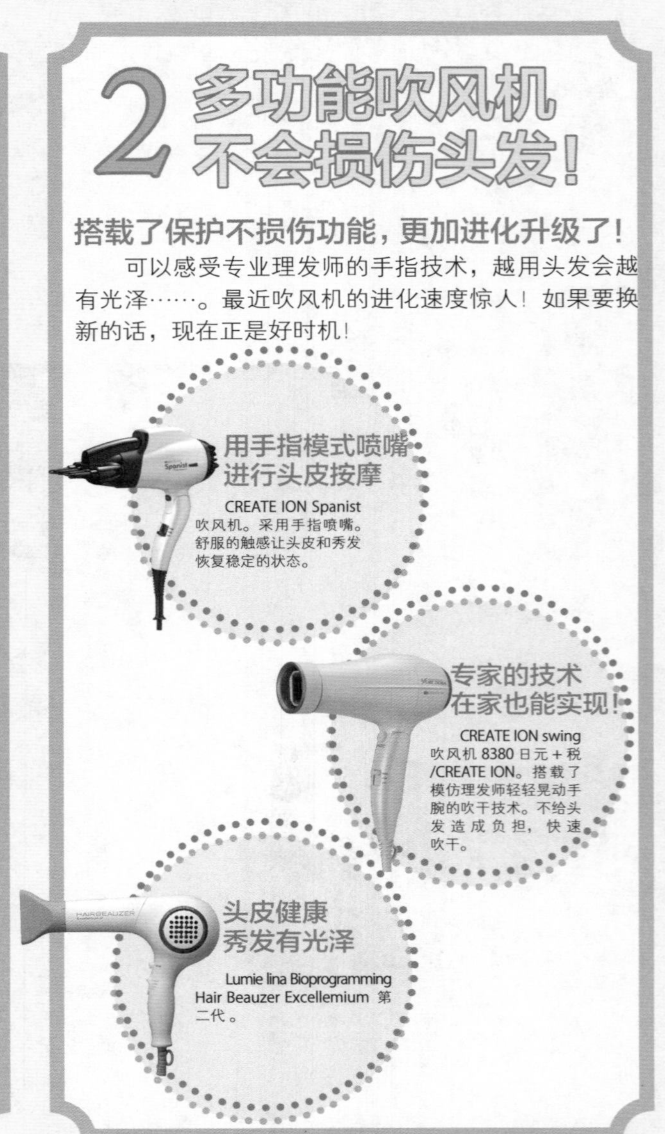

2 多功能吹风机不会损伤头发！

搭载了保护不损伤功能，更加进化升级了！

可以感受专业理发师的手指技术，越用头发会越有光泽……。最近吹风机的进化速度惊人！如果要换新的话，现在正是好时机！

用手指模式喷嘴进行头皮按摩

CREATE ION Spanist 吹风机。采用手指喷嘴。舒服的触感让头皮和秀发恢复稳定的状态。

专家的技术在家也能实现！

CREATE ION swing 吹风机 8380 日元＋税 /CREATE ION。搭载了模仿理发师轻轻晃动手腕的吹干技术。不给头发造成负担，快速吹干。

头皮健康秀发有光泽

Lumie lina Bioprogramming Hair Beauzer Excellemium 第二代。

专栏 Column

3 养成按摩头皮的习惯，培养健康秀发！

提升头皮&秀发的健康状况

头皮是头发生长的基础，头皮健康的话头发也就能量充沛。洗发 & 吹干后，养成每周做几次头皮按摩的习惯吧。

1 分 4~5 处涂抹头皮专用营养精华液。用手指一边按摩一边涂抹到全部头皮肌肤上。

2 用双手的手指轻轻按压头皮，按完两侧就按中心，然后移动到后头部，反复 6 次。

3 用双手的手指从额头到头顶再到颈部移动。反复 10 次左右，轻轻刺激头皮。

4 用大拇指的指肚沿着发际线，从太阳穴开始每隔大约 2cm 就按压一下，一直到额头中心。能消除头皮僵紧。

5 用所有指尖轻轻抓头皮似的，敲打整个头部。保持觉得舒服的力度即可，放松头皮。

6 揪起头发，在头顶处汇成 1 束，将头皮上提，然后轻轻放下。对皮肤也有提拉的效果。

一起使用效果好！

STYLA john masters organics 深层头皮营养精华。

4 睡觉时，聪明地护发吧！

即使在干燥的季节也不用怕！

利用最新的仪器和护发产品，睡觉的时候也能保护秀发不受干燥和枕头的损伤。让头发在第二天早晨变得很容易打理，容易上卷！

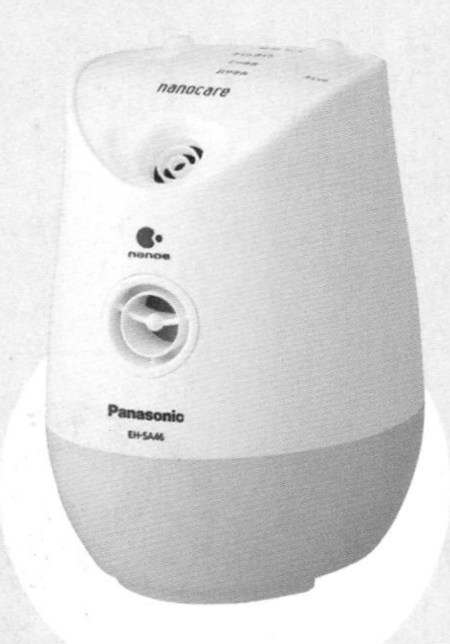

睡觉期间也要防止干燥

Panasonic 夜用纳米蒸汽护理仪 EH-5A46。纳米水离子能收紧角质层，滋润秀发。

让晚上做的造型保持到早晨

花王夜用精华护理乳 100ml。用毛巾擦干头发后，涂抹在头发上，吹干。睡觉的时候就能给头发进行修护、保湿。

5 沐浴后的护理已经成为必不可少的了！

每天是否护理，效果会大不相同！

不仅是在沐浴的时候使用的护发产品，沐浴后也应该使用护发产品。头发和肌肤一样都需要护理。

Kose cosme port OLEO D'OR 超级营养植物精油 100ml。修复受损头发，让头发一直柔顺到发梢。

Mandom LUCIDO-L 护发油 EX 护发油。

STYLA john masters organics R&A 护发乳 118ml。用毛巾擦干头发后，用梳子将护发乳涂于全部头发上，然后吹干。能保护头发不受高温损伤。